海 洋

地球知识编委会　编著

中国大百科全书出版社

图书在版编目（CIP）数据

海洋 / 地球知识编委会编著 . -- 北京 ： 中国大百科全书出版社，2025. 1. --（地球知识）. -- ISBN 978-7-5202-1836-8

Ⅰ . P7-49

中国国家版本馆 CIP 数据核字第 2025KR1549 号

总　策　划：刘　杭　　郭继艳

策划编辑：王　阳

责任编辑：王　阳

责任校对：邵桃炜

责任印制：王亚青

出版发行：中国大百科全书出版社有限公司

地　　　址：北京市西城区阜成门北大街 17 号

邮政编码：100037

电　　　话：010-88390811

网　　　址：http://www.ecph.com.cn

印　　　刷：唐山富达印务有限公司

开　　　本：710mm×1000mm　1/16

印　　　张：10

字　　　数：100 千字

版　　　次：2025 年 1 月第 1 版

印　　　次：2025 年 1 月第 1 次印刷

书　　　号：ISBN 978-7-5202-1836-8

定　　　价：48. 00 元

总　序

这是一套面向大众、根植于《中国大百科全书》第三版（以下简称百科三版）的百科通俗读物。

百科全书是概要记述人类一切门类知识或某一门类知识的完备的工具书。它的主要作用是供人们随时查检需要的知识和事实资料，还具有扩大读者知识视野和帮助人们系统求知的教育作用，常被誉为"没有围墙的大学"。简而言之，它是回答问题的书，是扩展知识的书。

中国大百科全书出版社从 1978 年起，陆续编纂出版了《中国大百科全书》第一版、第二版和第三版。这是我国科学文化建设的一项重要基础性、标志性、创新性工程，是在百年未有之大变局和中华民族伟大复兴全局的大背景下，提升我国文化软实力、提高中华文化国际影响力的一项重要举措，具有重大的现实意义和深远的历史意义。

百科三版的编纂工作经国务院立项，得到国家各有关部门、全国科学文化研究机构、学术团体、高等院校的大力支持，专家、学者 5 万余人参与编纂，代表了各学科最高的专业水平。专家、作者和编辑人员殚精竭虑，按照习近平总书记的要求，努力将百科三版建设成有中国特色、有国际影响力的权威知识宝库。截至 2023 年底，百科三版通过网站（www.zgbk.com）发布了 50 余万个网络版条目，并陆续出版了一批纸质版学科卷百科全书，将中国的百科全书事业推向了一个新的高度。

重文修武，耕读传家，是我们中国人悠久的文化传承。作为出版人，我们以传播科学文化知识为己任，希望通过出版更多优秀的出版物来落实总书记的要求——推动文化繁荣、建设中华民族现代文明，努力建设中国式现代化强国。

为了更好地向大众普及科学文化知识，我们从《中国大百科全书》第三版中选取一些条目，通过"人居环境""科学通识""地球知识""工艺美术""动物百科""植物百科""渔猎文明""交通百科"等主题结集成册，精心策划了这套大众版图书。其中每一个主题包含不同数量的分册，不仅保持条目的科学性、知识性、准确性、严谨性，而且具备趣味性、可读性，语言风格和内容深度上更适合非专业读者，希望读者在领略丰富多彩的各领域知识之时，也能了解到书中展示的科学的知识体系。

衷心希望广大读者喜爱这套丛书，并敬请对书中不足之处给予批评指正！

《中国大百科全书》编辑部

"地球知识"丛书序

　　地球是已知的唯一存在生命的天体，是一个充满生命和活力的星球，其独特的地理和环境条件为生命的诞生和繁衍提供了可能。同时，人类也在不断探索和利用地球资源的过程中，努力寻求与地球和谐共生的方式。本套丛书选择了森林、绿地、湿地和海洋四类与人类生存和发展息息相关的地球资源加以介绍，因为它们的价值以及为人类文明的发展和延续提供的助益难以估量。

　　为便于广大读者了解地球知识，编委会依托《中国大百科全书》第三版世界地理、中国地理、生态学、林业、人居环境科学等学科各分支领域内容，精心策划了"地球知识"丛书。丛书编为《森林》《绿地》《湿地》《海洋》等分册，图文并茂地介绍了这几类地球资源的分布、功能、重要性与保护措施。

　　森林在人类发展的早期阶段扮演着至关重要的角色，为人类提供了食物、生活材料和庇护。如今，人们更加关注的是森林的生态效益，是其在净化空气、涵养水源、保持水土、防风固沙等方面所起到的不可替代的作用。绿地是用于改善生态、保护环境、美化景观和为居民提供游憩场地的城市绿化用地，在城市生活中可谓随处可见。防护绿地、生产绿地、公园绿地、附属绿地，都在默默地为改善城市环境、提高居民生活质量做着贡献。湿地是地球上不可或缺的生态系统，人们所熟知的沼泽、滩涂、泥炭地等都属于这一范畴。其主要功能集中在调蓄水源、净化水质、调节气候和提供野生动物栖息地等方面。海洋是浩瀚而神秘的，其覆盖了地球表面的 71%，但人们只探索了其中的 5%。它为人类提供了丰富的资源和生态服务，许多民族的传统文化和神话故事都与它紧密相关，它早已成为人类文化和精神生活的重要组成部分。

希望通过《中国大百科全书》第三版大众版"地球知识"丛书的出版，帮助读者朋友进一步了解人类的共同家园——地球，在收获知识的同时，认识到维护生态平衡的重要性，重视对地球环境和资源的保护，为地球的未来贡献自己的力量。

地球知识丛书编委会

目　录

第 1 章　太平洋　1

阿拉弗拉海 15

阿拉斯加湾 16

阿纳德尔湾 16

安库德湾 17

奥尔莫克湾 18

巴布亚湾 19

巴莱尔湾 19

巴拿马湾 20

白令海 20

班达海 21

班德拉斯湾 22

达沃湾 23

大阪湾 23

东朝鲜湾 24

东京湾 25

鄂霍次克海 26

菲律宾海 27

丰塞卡湾 28

弗洛勒斯海 29

哈马黑拉海 29

洪堡湾 30

吉日金湾 31

加利福尼亚湾 32

加露林湾 33

京畿湾 34

科尔科瓦多湾 34

科拉尔湾 35

濑户内海 36

马鲁古海 37

马尼拉湾 38

莫罗湾 39

佩纳斯湾 40

普伦蒂湾 41

日本海 42

塞兰海 43

珊瑚海 44

圣巴勃罗湾 45

圣佛朗斯西科湾 46

苏比克湾 47

苏拉威西海 48

苏禄海 49

塔斯曼海 49

泰国湾 50

威廉王子湾 52

下龙湾 53

亚库塔特湾 54

第 2 章　**大西洋**　55

阿尔沃兰海 70

爱尔兰海 71

爱琴海 71

拜伦湾 72

北海 73

比斯开湾 75

波的尼亚湾 76

波罗的海 77

布兰卡湾 78

长湾 79

达连湾 80

地中海 80

第勒尼安海 83

芬兰湾 83

佛罗里达湾 84

福克斯湾 85

瓜纳巴拉湾 85

关塔那摩湾 86

黑海 87

洪都拉斯湾 89

加尔维斯顿湾 90

加勒比海 90

凯尔特海 91

坎佩切湾 92

拉布拉多海 93

里加湾 94

利古里亚海 94

马拉若湾 95

墨西哥湾 95

帕里亚湾 97

切萨皮克湾 97

圣安德鲁斯湾 98

圣马科斯湾 99

松恩峡湾 99

苏尔特湾 100

托多苏斯桑托斯湾 101

瓦登海 101

亚得里亚海 102

亚速海 103

伊奥尼亚海 104

第3章 印度洋 105

阿拉伯海 119

阿曼湾 121

安达曼海 122

波斯湾 123

大澳大利亚湾 124

帝汶海 125

红海 125

卡奔塔利亚湾 128

孟加拉湾 129

苏伊士湾 130

亚丁湾 131

第 4 章　北冰洋　133

波阿蒙森湾 139

巴芬湾 140

巴伦支海 141

白海 142

弗特海 143

伯朝拉海 144

布西亚湾 144

楚科奇海 145

东西伯利亚海 146

格陵兰海 146

哈得孙湾 147

喀拉海 148

拉普捷夫海 148

挪威海 149

太平洋

太平洋是世界上最大、最深，边缘海和岛屿最多的大洋。

太平洋位于亚洲、大洋洲、美洲和南极洲之间。北端以白令海峡与北冰洋相连；南抵南极洲；东南以南美洲南端合恩角（西经 67°16′）至南极半岛（西经 61°12′）的连线同大西洋分界；西南边与印度洋的分界线，一般认为是这样一条假想线：始于马六甲海峡北端，沿苏门答腊岛、爪哇岛、努沙登加拉群岛南岸，到新几内亚岛（伊里安岛）南岸的布季，越过托雷斯海峡与澳大利亚的约克角的相连，从澳大利亚东岸到塔斯马尼亚东南角直至南极大陆的经线（东经 146°51′）。总面积为 17868 万平方千米，平均深度为 3957 米，最大深度为 11034 米（位于马里亚纳海沟中），体积为 7.071 亿立方千米，均居各大洋之首。

太平洋拥有大小岛屿万余个，总面积为 440 多万平方千米。其中的新几内亚岛是太平洋中最大的岛屿，仅次于格陵兰岛，居世界第二。流入的河流有美洲的育空河、哥伦比亚河和科罗拉多河，以及亚洲的长江、黄河、珠江、黑龙江和湄公河等。

太平洋东西海岸类型明显不同：东海岸的山脉走向与海岸平行，岸线平直陡峭，大陆架狭窄；而西海岸自北向南分布着一系列的岛弧，岛屿错列，岸线曲折，陆架宽广。

◆ 地质地形

地形与构造

根据洋底地形与地质构造上的特点，可将太平洋分为东区、中区和西区三部分。

东区

东区是指皇帝海岭、夏威夷海岭、莱恩海岭和土阿莫土海岭以东的地区。明显的构造特征是东太平洋海隆和纬向断裂带。东太平洋海隆始于南纬60°、西经60°处，向西至西经130°附近转向北，大致平行于美洲海岸向北延伸，直至阿拉斯加湾，长达1.5万千米，高2～3千米，宽2000～4000千米，约占太平洋总面积的1/3。海隆以东伸展着次一级的海岭，如智利海岭、纳斯卡海岭、加拉帕戈斯海岭等。东区还发育着另一种构造活动带——纬向断裂带，长达数千千米，宽100～200千米，两旁垂直高差达数百乃至数千米，并有现代火山活动。主要的断裂带自北向南有：门多西诺、先峰、默里、莫洛凯、克拉里恩、克利珀顿、加拉帕戈斯等。

中区

中区从皇帝海岭、夏威夷海岭、莱恩海岭和土阿莫土海岭向西，到千岛海沟、日本海沟、马里亚纳海沟、汤加海沟和克马德克海沟这条连线为止。这里是太平洋盆地中较古老而稳定的地区。在沉陷的盆地上发育着一系列西北—东南向的火山山脉。其中主要有夏威夷海岭、莱恩海岭和土阿莫土海岭。连成一条纵贯太平洋南北的海底山脉。海底山脉把太平洋海盆分割成若干次一级的深海盆地，以皇帝海岭和夏威夷海岭为界，以东是东北太平洋海盆（属东区），水深为 4000～6000 米，最大深度为 7168 米；以西是西北太平洋海盆，平均水深为 5700 米，最大深度为 6229 米。中太平洋海山、莱恩群岛与马绍尔群岛之间为中太平洋海盆，水深一般为 5000～5500 米，最大水深为 6370 米。中太平洋海盆以南，太平洋－南极海岭以北为西南太平洋海盆，其水深在 4500～6000 米，最大水深为 8581 米。

西区

西区指完整的海沟—岛弧—边缘海地带。海沟和岛弧是成对出现的，岛弧一般平行地分布于海沟靠陆地一侧。世界大洋中水深大于 6000 米的深海沟有 20 条分布在太平洋的边缘。著名的海沟有：千岛海沟、日本海沟、伊豆－小笠原海沟、马里亚纳海沟、帕劳海沟、琉球海沟、菲律宾海沟、新赫布里底海沟、汤加海沟、克马德克海沟、阿留申海沟、秘鲁－智利海沟等。

火山与地震

按照板块构造理论，大洋地壳在大洋中脊处诞生，在海沟地带消亡。东太平洋海隆不断扩张，是生成新洋壳的地方，因而隆顶有频繁的地震、火山和热液出现，为高热流地带。沉积物的年代不早于晚白垩世。沉积物厚度不超过数十米。海沟是大洋地壳消亡的地带，也是地球表面最活动的地质构造带，多地震和火山。全球约 85% 的活火山和约 80% 的地震集中在太平洋地区。太平洋东岸的美洲科迪勒拉山系和太平洋西缘的花彩状群岛是世界上火山活动最剧烈的地带，活火山多达 370 多座，有"太平洋火环"之称，地震频繁。

深海沉积

太平洋洋盆中的沉积物按其组成可分为褐黏土、生源沉积物、浊流沉积物、海底火山沉积物等，其中生源沉积物及褐黏土几乎占据整个大洋盆地。但是，南、北太平洋中的褐黏土组成不相同。北太平洋中的褐黏土富集陆源矿物石英、云母和伊利石等。南太平洋的褐黏土含有丰富的自生矿物钙十字沸石和蒙脱石，由火山物质经海水溶解而成。

生源沉积物中含有大量硅质和钙质的生物残骸，分别称硅质和钙质软泥。硅质软泥中大部分是硅藻壳和放射虫的骨骼。硅藻软泥分布在南、北半球的高纬度海区，而放射虫软泥只分布在赤道附近的狭长地带。钙质软泥主要分布在北纬 9° 以南、4500 米以浅的洋底上。在 4500 米以深，碳酸钙的溶解度加大，致使下沉的钙质介壳溶解殆尽。钙质软泥中所含的生物壳体主要是有孔虫、翼足虫和颗石藻。翼足虫仅散布在斐济群岛附近和澳大利亚以东的海区。颗石藻只分布在赤道附近。

◆ 气候

赤道无风带

在北半球的夏季，无风带位于赤道以北 5°～10°，东北信风和东南信风在这里辐合上升，风力微弱。气候炎热，气温在 26℃ 以上，最高温度出现在菲律宾以东的洋面，5～9 月份气温可达 29℃ 以上。由于这里的水温高于气温，空气对流旺盛，年降水量可达 1000～2000 毫米，东部巴拿马湾附近高达 3000 毫米。

副热带静风区和信风带

副热带静风区在南、北纬 30°～35°，常年为太平洋高压控制。由于气流下沉，绝热增温，风力弱，故称静风区。气候干燥，天空晴朗，雨量稀少；南太平洋高压带比较稳定，北太平洋高压带的位置随季节变化较大，夏季可向西北延伸至北纬 40°，冬季后退至北纬 20°附近。

在副热带高压带下沉的气流，向赤道方向运动，在地球偏转力的作用下，形成东北（北半球）和东南（南半球）信风。信风的风力、风向都较稳定，属性干燥。因此，在信风带内蒸发强烈，降水量小。在信风带西部，由于受欧亚大陆上气压系统的影响，信风场遭到破坏，这里盛行偏北和偏南季风。太平洋西部，在南北半球的 5°～25°常有热带气旋发生。

西风带

西风带位于副热带高压带与南、北纬 60°之间。由于盛行西南（北半球）和西北（南半球）风而得名。在南太平洋的西风带内，风向稳定，风力强大，常有 18 米/秒以上的大风，故有"咆哮西风带"之称。北太平洋西风带的情况有所不同。冬季，太平洋西部盛行干燥寒冷的西北风，而东部盛行西南风。因此，大洋西部较东部寒冷。

在西风带内，温度随纬度的增加迅速下降。在北半球的冬季，北纬 60°附近平均气温约 -10℃，南纬 60°附近约 5℃；而在北半球夏季时，北纬 60°附近的平均气温可达 8～10℃；南纬 60°附近约为 0℃。阿留申低压所控制的范围内雨雪很多，为北太平洋上的最大降水区；南纬 45°～50°为云和降水的高值区。西风带是太平洋上的多雾地区。

极地东风带

在极地下沉的气流受科氏力作用，在南极大陆边缘形成偏东风，称为极地东风带。这里全年都是冰天雪地，除夏季少数几天外，温度都在零度以下。

◆ 水文特征

表层环流

在信风和西风的作用下，南、北太平洋洋面上形成一个以南北副热带为中心的环流。北太平洋的环流是由北赤道流、黑潮、北太平洋流和加利福尼亚流构成的顺时针循环；南太平洋的环流是由南赤道流、东澳大利亚海流、西风漂流和秘鲁海流组成的逆时针循环。在两个环流之间是向东流的赤道逆流。

在北太平洋的亚北极海区，还有由阿拉斯加海流、亲潮和北太平洋流构成的逆时针环流；南太平洋的亚南极海区因无大陆阻挡，只有环绕南极大陆的南极绕极环流。绕极流靠近南极大陆部分，出现向西流动的极地东风漂流。

赤道流系

太平洋赤道流系是由东南和东北信风引起的自东向西的海流。在北半球夏季（8月份）时，北赤道流位于北纬10°～20°，南赤道流位于北纬3°～4°和南纬20°之间，赤道逆流位于北纬3°～4°和10°之间；冬季其边界略向南移动。北赤道流的平均流速为20～30厘米/秒，平均流量为4.5×10^7米^3/秒；南赤道流8月份的平均流速为50～60厘米/秒，流量为5.0×10^7米^3/秒。

太平洋赤道逆流位于南北赤道流之间。北赤道逆流西起菲律宾外海，东至巴拿马湾，横贯太平洋，长达 1.5 万千米，宽 300 ～ 700 千米，平均流速为 40 厘米 / 秒，平均流量为 4.5×10^7 米 ^{3}/ 秒，最大流速为 150 厘米 / 秒，是世界大洋中最强大的赤道逆流。南赤道逆流起源于所罗门群岛附近的海面上，向东可达秘鲁外海，几乎与北赤道逆流对称分布，海流西强东弱，最大流速约为 10 厘米 / 秒。

赤道流系属于表层流系，厚度为 100 ～ 300 米，在赤道附近最浅，向副热带地区增厚，其下有强大的温跃层，将温暖的表层水与其下的冷水分开，跃层以下的流速大大减弱。

在赤道区的南赤道流下面发现一支次表层流——赤道潜流。太平洋赤道潜流又称克伦维尔海流。位于南、北纬 2° 之间，核心位置通常位于温跃层之上，最大厚度约为 200 米，宽约 300 千米，像一条很薄的带子从菲律宾外海向东直至科隆群岛（加拉帕戈斯群岛）附近，全长约 1.4 万千米。海流的核心深度随温跃层一起从西端向东上升，在西经 140° 处约为 100 米深，到西经 100° 处只有 40 米深。核心的最大流速为 100 ～ 150 厘米 / 秒，流量约为 4.0×10^7 米 ^{3}/ 秒，在科隆群岛（加拉帕戈斯群岛）附近减少为 3.0×10^6 米 ^{3}/ 秒。

西边界流

南北赤道流到达大洋西部后，一部分汇入赤道逆流，大部分转向高纬一侧，沿着大陆的边缘，在狭窄的地带内以更大的速度向极地流动，分别形成了黑潮和东澳大利亚海流，成为太平洋西部边界流。

黑潮由北赤道流在吕宋岛以东转变而成。流经东海，主干从吐噶喇海峡再进入太平洋，并沿着日本群岛向东北流，成为北太平洋中最强大的海流。

东澳大利亚海流是南赤道流进入珊瑚海后形成的。它沿着澳大利亚大陆架的边缘向南流。在南纬 25°附近，流幅变窄，厚度加大，由于来自东北边的热带水不断加入，其势力加强，形成较强的海流。在南纬 33°～34°，海流转向东北，横渡塔斯曼海，形成一支向北的逆流。与此同时还分裂出一系列直径约为 250 千米的反气旋涡旋，以 5 厘米／秒的速度向南进入塔斯曼海。东澳大利亚海流在拜伦角外流速最大，12月份至次年 4 月份平均流速为 50 厘米／秒，其他季节在 30 厘米／秒左右，流量为（1.2～4.3）×10^7 米^3／秒。

太平洋西风漂流

太平洋西风漂流是由盛行西风所维持的海流，分别构成南、北副热带环流的南缘和北缘，北太平洋的西风漂流又称北太平洋海流；南太平洋的西风漂流是南极绕极流的表层部分，从海面扩展到海底，是世界上最大的海流。北太平洋海流在接近美洲海岸时分成两支：南支形成加利福尼亚海流，北支转变为阿拉斯加海流。

东边界流

西风漂流的一部分沿着南、北美洲海岸向赤道方向运动，形成大洋东部的海流，即北太平洋的加利福尼亚海流和南太平洋的秘鲁海流，构成副热带环流的东翼，至此完成了环流的闭合循环。与西部边界流相比，太平洋东部边界流的特征是：流幅宽（约为 1000 千米）、深度浅（小于 500 米）、流速小（平均流速小于 25 厘米／秒），流量低

〔（1.0 ～ 2.5）×10^7 米 ^{3}/ 秒〕；海水来自中纬度海区，温度低；沿岸地区出现上升流现象，海水中营养盐丰富、生物产量高；在赤道信风减弱西风加强时，赤道暖水越过南纬 5° 向南可到达秘鲁沿岸附近，这使许多不适应这种环境的鱼类大量逃走或死亡，造成秘鲁渔业严重减产。同时，伴有大雨洪水泛滥，也会给这个通常干旱的地区带来灾难。当地居民将这种暖水入侵所引起的现象称为厄尔尼诺。

深层环流和水团

太平洋表层水以下的水团，基本结构与各大洋相同，可分为上层水、中层水、深层水和底层水。

上层水

上层水又可分为中央水、赤道水和亚极地水 3 种类型。中央水在副热带辐聚带下沉形成，下沉到表层以下 200 ～ 300 米的深度上，向赤道方向散布。北太平洋中央水的盐度为 35.0，南太平洋的为36.0。南、北中央水团之间为赤道水团。其范围在大洋东部从北纬20° 到南纬 18°，向西逐渐变窄，盐度值为 34.60 ～ 35.15。中央水团的高纬一侧为亚极地水。亚南极水由分布在副热带辐聚带和南极辐聚带之间的海水混合形成，盐度值为 34.20 ～ 34.40。大量的亚南极水沿着南美洲的西海岸北上，其影响可达赤道海区。亚北极水位于北纬 45° 以北，由亲潮水与黑潮水混合形成，盐度为 33.0 左右，海水由西向东运动，在美洲大陆西岸转向南，在北纬 23° 附近与赤道水相遇。赤道水和表层水之间有一强大的跃层，限制了海水的垂直交换。

中层水

中层水位于太平洋上层水团之下，海水在中纬度海面下沉并向赤道方向扩展为两个低盐水舌。南极中层水在南极辐聚带下沉形成，在源地处其温度约2.2℃，盐度约34.0，下沉到800～1000米的深度上向北流动，可达南纬10°附近，同时由于与其上下的水团混合，盐度值增大。北极中层水的势力与南极中层水的势力相当，可到达北纬15°附近。

深层水和底层水

深层水和底层水指在南极辐聚带以北，从2000米到海底的这一水层。温度为1～3℃，盐度为34.65～34.75，且盐度值随深度略有增加或者不变。这一特征是由于太平洋的深层水和底层水主要是来自大西洋造成的。高盐的大西洋深层水和南极底层水沿汤加－克马德克海脊的东侧进入太平洋，经萨摩亚群岛附近的水道（水深4500～5000米）进入北太平洋。在2000～3000米的深度上，有北太平洋水沿着西部边界向南流，通过南纬28°断面上向北的流量约为2.0×10^7米^3/秒，向南的流量约为3.0×10^6米^3/秒。而在西萨摩亚群岛附近的水道中观测到，大约在3800米以下海水向北流，800米以上海水则向南运动。

水温和盐度

温度

太平洋表面水温分布随着纬度的增加而降低，最高值发生在赤道地区。特别是在西部，平均温度为27～29℃，因此称为赤道暖池区。北半球冬季时，两个半球的0℃等温线分别位于北纬55°和南纬

66°～67°附近；北半球夏季时，分别位于北纬65°～68°和南纬60°～62°。在热带和副热带海区，大洋西部的水温高于东部；在北半球的中纬度海区，西部的水温比东部低，这主要是由于东西两边的洋流性质不同以及季风和上升流的影响。

太平洋的年平均表面水温为19℃，较大西洋高2℃，是世界上最温暖的大洋。这主要是太平洋的热带和副热带区域最广，以及白令海峡限制了北冰洋冷水的流入所致。

表层以下，在热带和副热带海区，在0～100米的水层之内为一均匀层，向下温度随深度的增加迅速下降，这一温度垂直梯度很大的水层，称为温度正跃层。温跃层之下，温度随深度的增加逐渐降低，从2000米到洋底，温度几乎呈均匀状态；从副热带向极地，温度随深度增加缓慢地下降；在极地海区，从海面到海底，温度差不大。

盐度

太平洋表面盐度从赤道向两极呈马鞍形分布。赤道附近地区，表层海水被淡化，出现低盐区，盐度值为34.5左右。南、北副热带海区，蒸发作用使表面海水的盐度增加，这里成为南、北太平洋盐度值最高的区域，北太平洋的盐度值达35.0，南太平洋达36.0。从副热带向两极地区盐度值又减少。受融冰和结冰的影响，最低的盐度值发生在高纬度海区中，在北半球盐度值减小到33.0以下，南半球减小到33.5左右。在太平洋的边缘区域，受江河淡水的影响，盐度值也降低。表层以下盐度的垂直分布，取决于水团的配置，在不同的纬度带内有不同的盐度垂直结构。

海浪

海浪受盛行风影响，有明显的纬度区带性和季节性。冬季是北太平洋海浪最强的季节，在北纬 40°附近的洋面上，大涌（≥6 级，波高＞4 米）出现的最大频率可达 50%以上，向赤道方向减弱，在北纬 15°以南，大浪少见，大涌出现率为 5%左右。浪向：在北纬 20°～25°以北，多为西和西北向，以南多为东北向。夏季，海浪大为减弱，除菲律宾群岛东北的局部洋面上，大涌出现率可达 10%以上外，其余洋面约在 5%以下。浪向：北纬 45°以北，偏西或西南向较多；北纬 45°以南，浪向较乱。

南纬 40°～50°的洋面上，常年为大浪区，大涌出现率为 30%～40%，向北逐渐减弱，赤道附近在 5%以下。浪向：赤道至南纬 20°的洋面上，多为东或东南向；从南纬 25°向南，西南向居多。

潮汐

半日潮的主要分潮共有 6 个无潮点，其位置从南而北，分别位于圣弗朗西斯科（旧金山）西面、科隆群岛（加拉帕戈斯群岛）西面、圣诞岛东南、所罗门群岛附近、复活节岛和新西兰东北。在这些点附近，振幅最小，而在阿拉斯加湾沿岸、南美洲南端沿岸和日本南面海域等处，振幅最大。全日潮的主要分潮的无潮点共有 4 个，分别位于北纬 25°、东经 175°，南纬 5°、西经 170°，南纬 10°、西经 140°和南纬 45°、西经 160°附近。最大振幅发生在加拿大以西海域。

太平洋中各处的潮汐类型也不相同。在赤道与南纬 40°之间的大部分地区，大洋中部的岛屿、巴拿马湾、阿拉斯加半岛、东海和澳大利亚东海岸为正规的半日潮；阿留申群岛东南、新几内亚（伊里安岛）东北岸、加罗林群岛等地为正规的日潮；其余地区都为混合潮。塔希提岛的高潮几乎都发生在每天的午夜和中午，而低潮都发生在早晚六时，有"太阳潮"之称。太平洋中的潮差（岛屿附近除外）为1米左右，最大潮差发生在大陆岸边，如品仁纳湾为13.2米、仁川10米、杭州湾8米。

◆ **生物和矿产**

生物

太平洋中的浮游植物主要是单细胞的小型藻类，遍布于水深60～100米的近表层内。其数量随纬度和环绕大陆呈带状分布，在热带和副热带海区数量较少，至温带海区增多，高纬度海区又减少；大洋区数量少，浅海地区数量多。另外，在上升流区和寒暖流交汇处浮游植物大量繁殖。热带和副热带海区浮游植物量虽然不如温带海区高，但种类比温带海区多。太平洋中狭暖水种和暖水种占优势，冷水种较少。已知分布于太平洋的浮游植物有380余种，主要为硅藻、甲藻、金藻和蓝藻等。底栖植物由各种大型藻类和显花植物组成，大多附着在水深为30～50米的海底岩石上，较大西洋的底栖植物丰富。大多数古老的藻类都生于太平洋中。

海洋动物包括浮游动物、游泳动物、底栖动物等，种类比大西洋的多2～3倍。太平洋热带海区动物种属特别丰富。由此向南和向北种属减少，例如，马来群岛的已知鱼类有2000余种，东海有500余种，日本海约有600种，鄂霍次克海和白令海只有300余种。

太平洋还有许多古老和特有的种属，如海胆纲的许多古代种属、剑尾鱼的原始种属、原始的海星和鹦鹉螺等。龙梭鱼、鲑科鱼类等为北太平洋海区特有种属。

太平洋的水产资源极为丰富。20世纪60年代中期以来，太平洋的渔获量一直居世界各大洋之首，主要渔场有西太平洋渔场、秘鲁渔场和美国－加拿大西北沿海渔场。这里盛产鲱鱼、沙丁鱼、鲑鱼、比目鱼、金枪鱼、狭鳕、鳀鱼和带鱼等。除鱼类之外，白令海的海豹，赤道附近的抹香鲸、堪察加及美洲沿岸的蟹类、虾类、贝类等都极为丰富。

矿产

太平洋的矿产资源，最主要的是海底石油。其他正在进行勘探和开发的矿物有金、铂、金刚石、金红石、锆石、钛铁矿、锡、煤、铁、锰等。

在太平洋深海盆地上发现大量锰结核矿层，其分布范围、储藏量和品位都居各大洋之首。主要集中在夏威夷东南的广大海区。美国、日本、德国、法国和中国等正在进行勘探和试采，是未来有前途的矿产资源。

◆ 交通运输

航运

太平洋在国际交通上具有重要地位。有许多条联系亚洲、大洋洲、北美洲和南美洲的重要海、空航线经过太平洋；东部的巴拿马运河和西南部的马六甲海峡，分别是通往大西洋和印度洋的捷径和世界主要航道。太平洋在世界海运中的地位仅次于大西洋，约占世界海运量的20%以上。海运的大宗货物是石油、矿石及谷物等。

太平洋沿岸港口众多，亚洲主要有符拉迪沃斯托克（海参崴）、釜山、大连、天津、上海、广州、香港、海防、新加坡、雅加达、东京、横滨、神户、大阪等；大洋洲有悉尼、惠灵顿等；南、北美洲有温哥华、西雅图、圣弗朗西斯科（旧金山）、洛杉矶、巴拿马城、瓜亚基尔等。太平洋中的一些岛屿是许多海、空航线的中继站，具有重要战略意义，如夏威夷群岛、中途岛、关岛、西萨摩亚群岛、斐济群岛等。

海底电缆

太平洋第一条海底电缆是 1902 年由英国敷设的，英国在太平洋的海底电缆共长 12550 千米。1905 年美国在太平洋敷设的海底电缆共长 14140 千米。从中国香港有海底电缆通往马尼拉、胡志明市和哥打基纳巴卢。在南美洲沿海各国之间也有海底电缆。

阿拉弗拉海

阿拉弗拉海是太平洋边缘海。位于澳大利亚与新几内亚之间，西连帝汶海，西北通班达海与塞兰海，东部经托雷斯海峡沟通珊瑚海。海域长 1280 千米，宽约 560 千米。面积 103.7 万平方千米。大部分海域基底是阿拉弗拉大陆架，为广阔的莎湖大陆架的一部分，深度仅 50～80 米。海底向西倾斜，托雷斯海峡附近仅深 11 米，西部塔宁巴尔群岛以南深 1190 米，西北部弯曲的阿鲁海沟最深 3680 米，其上珊瑚生长层厚达 610 米。阿拉弗拉海尚有许多未经测绘和标明的浅滩，是航行中的危险地带，托雷斯海峡更是有名的危险航道。阿拉弗拉海近岸有大量珊瑚礁。属于热带雨林气候，高温潮湿。海水温度 25～28℃，盐度 34～35，潮高 2.5～7.6 米。富贝类及其他海产。阿鲁群岛周围受保护的清洁海水中产珍珠，产量虽不高，但持续稳产。群岛东南部及沿海小岛已辟为自然保护区。

阿拉斯加湾

阿拉斯加湾位于美国阿拉斯加州南侧、阿拉斯加半岛与克罗斯海峡之间。面积153.3万平方千米。平均水深2431米，最深5659米。沿岸多冰川、峡湾，西北海岸曲折复杂，东北海岸较为平直。主要海湾从西向东有库克湾、威廉王子湾和亚库塔特湾等。有苏西特纳河、库珀河等注入。年平均降水量3000～4000毫米。海域表层水温最高达12℃，最低低于0℃。表层盐度为32～33。阿拉斯加暖流在湾内形成逆时针方向环流。科迪亚克岛是湾内最大的岛屿。这里是世界著名渔场，盛产鲑、鲭、大比目鱼等。湾北的美国阿拉斯加州有丰富的石油和天然气资源。湾岸有安克雷奇、苏厄德和瓦尔迪兹等不冻良港。安克雷奇港终年可以通航，港内有杂货、集装箱和石油等专用码头，设有石油管理中心；瓦尔迪兹港常年不冻，有纵贯阿拉斯加州的输油管道相通，为石油转运中心。海湾及其南部水域是连接阿拉斯加与美国本土西部的海上走廊，为海上咽喉要道之一。

阿纳德尔湾

阿纳德尔湾位于白令海西北部，在俄罗斯东北部楚科奇半岛以南，海湾大致呈长方形，向东南方向延伸。湾口长278千米，宽约400千米，最深达105米，深入陆地约321千米。西北与克列斯特湾、阿纳德尔河湾及奥涅缅湾相通。全年封冻期长达 10 个月，大部时间覆盖浮冰，仅 8 月和 9 月可通航。在楚科奇半岛上建有阿纳德尔港和普罗维杰尼亚港。阿纳德尔沿岸地区人口稀少。阿纳德尔河流域鲑鱼种类丰富，有大约 10 种鲑鱼，弓头鲸和灰鲸等时而会出现在靠近海岸的地方。海湾地区是许多候鸟的避暑场所。阿纳德尔湾矿产资源丰富，尤其是沙金矿储量大。沙金矿在阿纳德尔湾陆架海域分布甚广，在阿纳德尔湾的底积物中见有细粒金。流入北冰洋和远东海域的河流，由于在流经途中切过含金区基岩露头，因而会向大陆架提供大量黄金颗粒，并有黄金在近岸地带沉积下来，形成较大规模的沙金矿。

安库德湾

安库德湾是智利南部、太平洋沿岸的海湾。地理坐标为南纬 42°06′，西经 3°01′。位于南太平洋地区，行政上属智利洛斯拉各斯地区管辖。分隔奇洛埃岛和大陆，南面与科尔科瓦多湾相接，西北面是查考海峡。海湾东南—西北方向的宽度约为 56 千米。

安库德湾是大型湖泊盆地，远古时期是中央山谷的一部分，后由于地质运动被海水侵入而沉没，从而产生了大量的湖泊、群岛、峡湾和运河。属于温带海洋性气候，常年温和多雨。除奇洛埃岛南部以外，沿海地区较为寒冷，冬季降雨，海湾内时有大雾。智利海岸的潮汐波从北到南移动，到达奇洛埃岛后分为两支：一支进入查考海峡，另一支通过瓜弗河口进入。

海湾的大陆沿岸几乎完全被茂密的植被覆盖，而岛屿上植被的密度明显较低。树木中有橡树、榆树、月桂树，适用于多种经济用途。果树中有苹果树、樱桃树、梨树、梅树、李子和醋栗。谷物以种植小麦、黑麦、大麦为主。经济作物为亚麻籽、胡萝卜、洋葱和高品质的马铃薯。

在海岸和岛屿上，很少有代表性的野生动植物，其中有少数狐狸、兔子等。家畜有牛、山羊和猪，家禽有火鸡、鹅和鸭等。最丰富的消费品是鱼和贝类，如鲈鱼、鲑鱼等海鲜产品。沿海湾地区经济以畜牧业、林业、水产养殖业、渔业和旅游业为主，包括鲑鱼养殖、谷物农业、伐木等产业。这一地区自然景观壮丽，有众多湖泊、森林、河流、海滩、火山和瀑布，吸引着来自世界各地的游客。

奥尔莫克湾

奥尔莫克湾是菲律宾莱特岛附近的小海湾，是卡莫特斯海的延伸部分。地理坐标为北纬 10°57′，东经 124°36′。因第二次世界大战中的奥尔莫克湾战役（1944 年 11 月 11 日至 12 月 21 日）而得名。奥尔莫克市位于奥尔莫克湾的顶端，是港口城市，是仅次于省会城市塔克洛班市的人口第二多的城市；市民多为罗马天主教徒，每年 6 月 28 日和 29 日为其年度节日，以纪念圣徒彼得和圣保罗的守护神。这座城市的地形主要是平缓的平原，风景优美，沿海风光秀丽宜人。属热带雨林气候，没有干燥季节，全年各月平均降水量均为 60 毫米以上。奥尔莫克市的经济基础是农业，主要农作物为甘蔗、水稻和菠萝。鉴于近海优势，奥尔曼克市重视发展水产养殖业，在当地水产养殖业与工业、旅游业和商业服务业形成了良好组合。

巴布亚湾

巴布亚湾位于新几内亚岛东南岸、太平洋西南部珊瑚海的西北部。总面积约 35000 平方千米。航运业较为发达，沿岸的主要港口有莫尔兹比港、凯里马港、达鲁港等。属热带雨林气候，生物资源丰富，分布有 400 余种不同类型的珊瑚礁，是多种鱼类的栖息地，大约有 1500 种热带海洋鱼类栖息于此，包括蝴蝶鱼、雀鲷、狮子鱼、天使鱼、鹦鹉鱼等热带观赏鱼。在不同的月份，湾内有多种水生珍稀动物出现，包括座头鲸、儒艮等。某些濒临灭绝的动物物种也栖息于此。巨型绿龟在每年的 10 月到次年 3 月到此产卵，巴布亚湾海域是其主要繁衍地。这里还生活着 4000 多种棘皮动物和软体动物等其他海洋生物，具有极高的科学研究价值。巴布亚湾海域蕴含丰富的矿产资源，有较大的开发油气资源的潜力。20 世纪 70 年代后期，周边国家开始在此大面积开发近海石油、天然气。

巴莱尔湾

巴莱尔湾是菲律宾吕宋岛东北部的海湾，菲律宾海的延伸。地理坐标为北纬 15°51′，东经 121°35′。其三面被奥罗拉省包围，与奥罗拉省的 4 个市接壤。1976 年，在巴莱尔湾拍摄的电影《现代启示录》将冲浪这项运动引入了这个地区，剧组人员曾留下几块冲浪板供当地人使用。自 1997 年以来，海湾一直是一年一度的极光冲浪杯活动的举办地。每年 9 月中旬到次年 3 月初是海湾冲浪条件最佳的时期，吸引着很多冲浪爱好者聚集于此。在其他时间，巴莱尔湾是潜水、帆板和潜水的理想之地。

巴拿马湾

巴拿马湾是巴拿马太平洋一侧的海湾，位于巴拿马地峡以南、阿苏埃罗半岛以东，南北长 161 千米，东西最宽处 185 千米。属于热带海洋性气候，年平均气温 27℃，5 ～ 12 月是雨季，年平均降水量 2000 ～ 3700 毫米。湾内分布着珍珠群岛，其中较大的有雷伊岛和圣何塞岛。是船只通过巴拿马运河的必经之地。巴拿马首都巴拿马城位于海湾北岸。巴拿马湾海岸被切割成若干小海湾，东有圣米格尔湾，西是帕里塔湾，北为巴拿马海湾。湾内水域平静，是巴拿马重要出口产品海虾的主要产地。岸畔林木繁茂，环境幽雅。

白令海

白令海是太平洋最北部边缘海，介于亚洲与北美洲之间，西为俄罗斯西伯利亚东北部，东为美国阿拉斯加，南临阿留申群岛和科曼多尔群岛，北经白令海峡与北冰洋楚科奇海相通。白令海峡最窄处宽 85 千米。亚洲、北美洲，俄罗斯、美国两国的分界线，以及国际日期变更线通过这一海域。

白令海峡最窄处

1724 年 7 ～ 8 月和 1741 年 6 月，丹麦航海家 V.J. 白令曾两次率队到此探险，故以他的姓氏命名。海域轮廓略呈三角形，东西最宽处 2380 千米，南北长 1580 余千米，面积 231.5 万平方千米。平均深度 1640 米。东北部较浅，大陆架宽广，水深不足 200 米；西南部为水深 3700～4000 米的深水海盆，其中阿留申群岛以西最深可达 5500 米。主要海湾：西有阿纳德尔湾，东有诺顿湾和布里斯托尔湾。有阿纳德尔河及育空河注入。夏季北部海域水温 5～6℃，南部海域 9～10℃。海水盐度 30～33。气候严寒，全年少晴朗天气，多风暴和雾，结冰期长达 6～7 个月。西北部沿岸为半日型潮，其他海域多为非正规半日型潮。布里斯托尔湾最大潮差可达 8.3 米。由于风急浪高，多雾和有浮冰，航行困难，全年通航期不足 3 个月（7～9 月）。海洋资源丰富，有浮游植物 160 余种，以硅藻类海藻为主。鱼类 300 余种，主要有鲑、鲱、鳕、鲽、大比目鱼等。海兽有海豹、海獭、海象、海狮等。北部大陆蕴藏丰富的石油和天然气，海底有金、锡矿，但尚未开发。两岸重要港口有普罗维杰尼亚（俄罗斯）和诺姆（美国）。

班达海

班达海是印度尼西亚东部的岛间海，属太平洋。由努沙登加拉群岛向东延伸的环状岛弧围绕，介于苏拉威西、布鲁、塞兰、塔宁巴尔与帝汶诸岛之间，与马鲁古、塞兰、阿拉弗拉、帝汶、萨武、弗洛勒斯诸海相通。面积 69.5 万平方千米，平均水深 3000 米，有相当面积深 4000～5000 米，东边韦伯海盆最深 7440 米。容积 212.9 万立方千米，盐度 33～34。属于热带雨林气候，终年高温多雨，适宜珊瑚虫等热带海洋生物繁育。边缘岛弧多火山与珊瑚礁，海中东北与西南两处火山岛最著名，西南的亚比火山孤悬海中，从水下 4500 米处升起，高出海面 670 多米，成为深海中难得的净高 5170 多米的孤峰，1820 年、1852 年的猛烈喷发给孤峰造成很大破坏。东北的班达群岛以珊瑚礁围成的"海底花园"吸引旅游者。

班德拉斯湾

班德拉斯湾是墨西哥太平洋沿岸的天然海湾，介于墨西哥哈利斯科州和纳亚里特州之间，状似马蹄形。地理坐标为北纬 20°38′58″，西经 105°22′56″。最北面为米塔角，最南面为科连特斯角。班德拉斯湾是世界上最深的海湾之一，最大深度 900 米左右。海岸线长约 100 千米，面积约 1300 平方千米，为墨西哥第三大海湾。海湾排水口为阿梅卡河和托马特兰。海湾沿岸的支柱产业是旅游业，是邻近地区旅游设施发展的重要地点。著名的巴亚尔塔港度假村位于班德拉斯河水域，是海湾内主要的度假胜地和游轮港口。离海湾较近的班德拉斯市始建于 1989 年，总面积 77303 平方千米，经济以旅游、海上捕鱼和农业为主。班德拉斯湾的独特之处在于拥有数量众多的座头鲸、巨型蝠、海豚、马林鱼、旗鱼及生活在深水中的无数其他优质鱼。海湾与夏威夷处于同一纬度，海洋水温适宜，日照天数大于 300 天，是座头鲸繁衍的天然庇护所。1525 年西班牙人登陆这一地区，当时主要居民为印第安人，他们通过悬挂不同颜色的棉旗保卫自己的领土，因此西班牙人开始将这里称为旗帜湾或班德拉斯湾。2011 年，瓜达拉哈拉市泛美运动会帆船比赛在班德拉斯湾水域举行。2018 年 7 月，墨西哥环境教育委员会（环境教育基金会）

赠送蓝旗徽章作为对该地区环境管理和基础设施的认可。

达沃湾

达沃湾是菲律宾境内棉兰老岛东南海岸的海湾，位于菲律宾海和西里伯斯海之间，西南是蒂纳卡角，东南是圣阿古斯丁角。地理坐标为北纬6°30′，东经125°58′。南北长128千米，东西宽72千米，面积约3080平方千米。因其沿岸有菲律宾最大港口达沃港而得名。湾内有萨马尔岛和塔利库岛，海水很深，可泊万吨海轮，沿岸分布达沃、迪戈斯等众多良港等。随着菲律宾信息技术及其支持服务的发展，政府计划将达沃市发展为互联网技术（IT）中心，并将其称为硅湾，以达沃市为区域中心将硅湾延伸到达沃地区。达沃地区包括孔波斯特拉谷（包围达沃湾）、达沃、南达沃和东达沃4个省。达沃湾是菲律宾多样化的鲸类栖息地之一，湾内至少有10种带齿鲸和海豚，包括抹香鲸和喙鲸等。

大阪湾

大阪湾是日本本州岛南部太平洋沿岸大阪平原与淡路岛包围的海域。东临纪伊半岛，西隔以淡路岛，西北经明石海峡与濑户内海相通，南隔冲之岛和地之岛经纪伊水道同太平洋相连，是一个较为封闭性的海湾。大致呈东北—西南向，长约60千米，宽约20千米。东半部水深近20米，西部淡路岛北岸附近水深60米。除东北部为大阪平原外，其他沿岸均为山地、丘陵。沿岸河流短促，注入海湾时形成狭窄的三角洲和沿海平原，自海湾东南沿岸向西北主要有大川、大和川、木津川、淀川、淡和川等。属于温带海洋性气候，气候温和，1 月约 5℃，8 月约 28℃，年平均降水量约 1400 毫米，集中在 6 ~ 9 月份。

大阪湾沿岸，尤其是东北与北部沿岸经济发展较早，已形成著名的阪神工业带。第二次世界大战后，特别是 20 世纪 50 ~ 60 年代以来，工业迅速增长，沿岸填海造陆，大规模发展重工业。兴建了许多钢铁、造船、汽车、石油、石油化工、机械、电子等工业，大阪、神户为贸易港和大工业中心。沿岸工业城市已经连接成为海湾西部连绵的城市带。明石海峡大桥的修筑及 1998 年神户口—津名—宫间的高速公路开通，方便了海湾北部同淡路岛之间的经济往来。海湾东部、泉佐野以西海面在填海造陆基础上建立了关西国际航空港，沿岸还有濑户内海国立公园（1934）及海水浴场。大阪湾是一个小海湾，但因沿岸有大阪、神户等重要城市和港口，已成为日本的重要海湾。

东朝鲜湾

东朝鲜湾是朝鲜东部的大海湾，以北纬 39°30′为中心，是日本海（韩国东海）的延伸。位于今江原道北部尤山郡和安边郡近海地区，即古"溟州"，是当时由新罗跨海通日本的边海要镇。海湾大陆架窄，500 ~ 2000 米外为深海，湾内有咸兴、永兴等内湾。夏季表水温度 25℃左右，冬季在 1℃以下。盐度 6 月为 34，12 月为 33.5。海湾沿岸经济发达，有咸兴化学工业区、元山港等工业园区和港口。湾区工业以化学工业、机械工业为主，兼有金属、建材、轻工、纺织、水产加工和生产日用品的工业等。兴南港是咸兴的出海口，距市区约 20 千米，平均水深达 8.6 米，海岸线全长约 2.11 千米，港口受长达 837 米的人造防浪堤保护，港口设有 4 个泊船位置，配备多台 10 吨级桥式起重机、多台 5 吨级港口起重机、多台货物装卸起重机、170 米的运输带等，可停泊万吨级船只，对朝鲜的海上运输和对外贸易具有重要意义，是东朝鲜海湾的经济重心。

东京湾

东京湾是日本本州岛东南部太平洋沿岸海湾，位于关东平原以南，为东南的房总半岛和西南的三浦半岛所环抱，南以狭窄的浦贺水道连通太平洋。广义上指房总半岛的洲崎与三浦的剑崎两点连线以北的水域。为一陷落海湾，里阔外狭。南北长约 80 千米，东西宽 20～30 千米，湾口仅 8 千米，面积约 1100 平方千米。湾内水深较浅，平均约 12 米，沿岸多在 10～20 米。东岸平直多浅滩，一般水深不足 30 米；西岸曲折，水深 40～50 米，其中久里浜深达 100 米左右。整个海湾一般又以西岸三浦半岛的观音崎与东岸的富津岬连线为界，北部为内湾（即狭义的东京湾），南部为外湾。属于亚热带海洋性季风气候，夏季潮湿，冬季干燥，年平均气温 15℃，年平均降水量约 1700 毫米。

海湾接纳一些河流注入，并在入海口处形成许多三角洲。沿岸经济发展较早。从大正时期（1912～1926）开始填海造陆，20 世纪 30～40 年代形成了东京、川崎、横滨、横须贺等在内的京滨工业地带。60 年代后，湾内填海造陆规模扩大，除继续扩张西面的京滨地带外，还在东面千叶县西岸由填海造陆形成的添附土地上出现了新的京叶工业

东京湾的奥运五环标志

地带，建设了规模巨大的钢铁、电力、炼油、石油化工、汽车制造、造船、电子等工业企业。前后共造新陆 1.3 万公顷。大型的油轮、矿石专用船均可直接进港。东京临海副都心的开发、羽田国际机场的兴建、千叶幕张新都心的开发以及一系列高速公路、跨海大桥的建设，方便了海湾东西两岸的交通。1986～1997 年建成西起川崎市浮岛，东至木更津市中岛间的汽车专用东京湾横断公路。两岸已建有南房总国定公园（1958）和一些县立与市立自然公园、海水浴场等。

鄂霍次克海

鄂霍次克海是太平洋西北部边缘海，位于亚洲大陆和千岛群岛、萨哈林岛（库页岛）之间。南经千岛群岛诸海峡连接太平洋，西和西南经鞑靼海峡和宗谷海峡（拉彼鲁兹海峡）与日本海相通。南北最长 2460 千米，东西最宽 1480 千米。面积 160.3 万平方千米。海域北浅南深，平均深度 821 米。北部和西部大陆架宽广，最深处 3521 米（千岛海盆）。主要海湾有舍利霍夫湾、阿尼瓦湾、捷尔佩尼亚湾及萨哈林湾。有黑龙江（阿穆尔河）注入。属于温带季风气候，夏季表层水温 8～15℃，冬季 1.8～2℃，盐度 32.8～33.8。东、南部有暖流，北、西部有寒流（亲潮）。北部 10 月开始结冰，结冰期长达 280 天，冰厚 0.8～1 米；堪察加半岛和千岛群岛冰期不超过 3 个月。4～8 月多雾，冬季多暴风雪。大部海域为不规则全日潮，仅北部、西北部沿岸及尚塔尔群岛附近为不正规半日潮，潮差可达 12.9 米。海洋渔业资源丰富，以鲱、鲑、鳟、鲽等鱼类为主，堪察加半岛附近盛产海蟹。并有抹香鲸、海狮及海豹等海兽。主要港口有俄罗斯的马加丹、鄂霍次克、尼古拉耶夫斯克

鄂霍次克海岸的朝霞美景

（庙街）、科尔萨科夫、北库里利斯克及日本的网走、纹别等。

菲律宾海

　　菲律宾海是北太平洋西部的边缘海，又称琉球海。位于菲律宾板块之上，水域面积 500 万平方千米。北部处在东经 130°～ 142°，南部处在东经 124°～ 147°，南北跨越 35 个纬度（北纬 0°～ 35°）。西部为菲律宾和中国台湾，北部为日本，东部为马里亚纳群岛，南部为帕劳。海域南部处于热带地区，属热带海洋性气候，终年炎热，年平均气温 27～ 28℃，年平均降水量 2000～ 3000 毫米，降水以东部为最多。北部位于亚热带地区，年平均降水量 2000 毫米。8～ 9 月多台风，尤集中发生于 9 月。

　　菲律宾海海底地形复杂，是由一系列断层和褶皱所形成的结构盆地，突出海面的部分构成岛弧，即海盆的边界。除周围岛弧外，露出海

面成为岛屿的很少，只有西北部的北大东岛、南大东岛、冲大东岛等。平均水深 4100 米，在第一岛弧以东达到最大深度，即 10497 米深的菲律宾海沟。九州－帕劳海岭在海域中线呈南北走向贯穿整个海区，长约2778 千米。断续的海山将菲律宾海盆分成东西两部分：①东面为马里亚纳海盆，海盆稍浅，被中部及南北走向的海岭分为东马里亚纳海盆、西马里亚纳海盆和北部的四国海盆 3 个小海盆。②西面为菲律宾海盆，深而广阔，最深达 7559 米。菲律宾海中部有一条南北方向的漫长脊背，把海域划分为东西两大部分。

　　菲律宾海每单位面积的海洋物种数量较多，已被确定为海洋生物多样性的中心之一。海域内包括 3200 余种鱼类，480 余种珊瑚，800 余种海藻和底栖藻类。这里也是濒临灭绝的海洋物种的繁殖和觅食地，如鲸鲨、儒艮。菲律宾海拥有独特的海洋生态系统，沿海水域约有 500 种硬珊瑚和软珊瑚，水域内发现全世界已知贝类的 20%。此外，这里还是日本鳗鱼、金枪鱼和各种鲸鱼的产卵场。

丰塞卡湾

　　丰塞卡湾是洪都拉斯西南太平洋沿岸的海湾，位于萨尔瓦多、洪都拉斯和尼加拉瓜之间。为自然浅湾，海湾水面长约 65 千米，湾口宽约32 千米，面积约 800 平方千米。湾内岛屿广布，历史上是海盗聚集地。1916 年，湾内尼加拉瓜海域部分依约被租让给美国建立海军基地，曾遭萨尔瓦多政府抗议。1970 年废约。有戈阿斯科兰河、乔卢特卡河和埃斯特罗雷亚尔河等注入。富渔产。重要港口有萨尔瓦多的拉乌尼翁、洪都拉斯的阿马帕拉和尼加拉瓜的莫拉桑等。2007 年 10 月 5 日，萨尔瓦多、洪都拉斯和尼加拉瓜三国总统在马那瓜签署《建立丰塞卡湾和平和发展区宣言》，决定联合开发和利用丰塞卡湾的资源，把这一区域变为三国共管的"和平、持续发展与安全的海湾"。2019 年 4 月 14 日，三国总统举行视频会晤，一致通过丰塞卡湾投资和经济发展总体规划，并要求三国海军和安全部门继续协同保障丰塞卡湾和平稳定。

弗洛勒斯海

弗洛勒斯海是马来群岛中南部海域，属太平洋。北有苏拉威西岛，南有松巴哇及弗洛勒斯等岛屿，西连爪哇海，东通班达海，面积 12.1 万平方千米，容积 22.2 万立方千米，水深由四周向中央偏东增加，由 1000 米增至 5000 米，平均深 1800 米，最深在东部，为 5140 米，盐度 33 ~ 34。属于热带季风气候，终年高温、多雨、潮湿，年平均气温 25 ~ 27℃，年平均降水量约 2000 毫米。冬天表层海流流向西南，夏天反向回流。这一海域是印度尼西亚重要的渔场，沿海各岛均盛产热带经济作物。

哈马黑拉海

哈马黑拉海是印度尼西亚东北部的岛间海。地理坐标为南纬 1°，东经 129°。东界为伊里安岛西部、极乐鸟半岛的西海岸，西界为哈马黑拉岛。北临太平洋，西南与马鲁古海相通，南隔米苏尔岛与塞兰海相邻。

哈马黑拉海海域内地形复杂，包括许多独立的盆地和山脊。北部与太平洋连通的哈马黑拉海峡较窄（40 千米），且海峡宽度随深度增加不断变窄；在400米水深处，海底地形已经将哈马黑拉海和太平洋隔开。南部与马鲁古海相连，海峡最大深度为600米，形成了一个独立的封闭式海盆。海域面积约20万平方千米，海区南北跨度为北纬2°～南纬2°。最深处达2234米。海域地处赤道地区，属热带雨林气候，海水温度为25～27℃。终年高温多雨，年均降水量2000～3000毫米。

哈马黑拉海西部和东部各有一个深度大于2000米的凹地。沿岸各岛多山地，哈马黑拉岛上有活火山，海域内地质活动活跃。入海河流短小流急，海岸陡峭，曲折多海湾。东部岛礁附近广布珊瑚浅滩，海底地形异常复杂。大陆架宽度从10千米到50千米不等。西部小岛外也有小面积的珊瑚礁滩。沿海各岛均盛产热带经济作物和热带鱼类，海洋鱼类资源丰富。海域内的哈马黑拉岛上蕴藏有镍矿。该海域是印度尼西亚东部各海区北出太平洋的重要航道之一，海域内有多条航线经过。

洪堡湾

洪堡湾是美国加利福尼亚州北海岸的天然海湾，也是旧金山湾和俄勒冈州库斯湾之间唯一的深水湾，是该地区大型远洋船舶的唯一受保护的深水港。海湾长23千米，最宽处7千米，平均深度3.4米，最大深度12米，面积65平方千米。毗邻海湾的最大城市是尤里卡，其次是阿卡塔镇。1.5万～1万年前，洪堡湾形成始于海平面迅速上升期间的河谷地带。海湾沉积物中埋藏的盐沼沉积物表明，海湾地区大范围俯冲在地震中已经消退。海湾分为3个区域，分别是萨摩亚大桥北部的北湾、从萨摩亚大桥到南码头的入口湾、南部海湾剩余部分的南湾。海湾中的岛屿有达比岛、伍德利岛和印第安岛，岛屿均位于北湾，且都在尤里卡市内。涨潮时，面积可达 62 平方千米；退潮时，面积约 28 平方千米。每个潮汐周期都会替换洪堡湾约 41% 的水。湾内伍德利岛拥有 237 个泊位码头，为休闲、商业船提供服务。洪堡湾港口休闲保护区是洪堡湾港口和尤里卡港口的管理机构。1850 年，在美国海岸调查局绘制的地图中，将此海湾命名为洪堡湾。

洪堡湾有洪堡湾国家野生动物保护区，创建于 1971 年，旨在保护和管理湿地和候鸟的海湾栖息地。洪堡湾是加利福尼亚州最原始的河口之一，是该州第二大自然湾。海湾为动物提供了多种独特的栖息地，例如开阔水域、浅水区、泥沙滩、盐沼、池塘、农业用地、沙滩、岛屿等。共有 120 种鱼类、251 种海洋鸟类、550 种海洋无脊椎动物、80 种藻类，以及众多常驻和迁徙的海洋哺乳动物。其中，鸟类包括海鸥、里海燕鸥、褐鹈鹕、鸬鹚、浪涛雀和普通海雀。鱼类包括绿鲟鱼、科霍鲑和奇努克鲑、虹鳟和沿海割喉鳟鱼等，它们在这个水域产卵和繁殖，面积达 580 平方千米；该海域还有濒临灭绝的潮虾虎鱼，以及更常见的三刺刺鱼、闪光鲈鱼和太平洋鹿角双髻鲨等。海洋哺乳动物以港鼠、港海豹、加利福尼亚海狮和河獭为代表，在近海附近还发现了虎头海狮和灰鲸。

吉日金湾

吉日金湾位于堪察加半岛西北面的鄂霍次克海，是俄罗斯东部的海湾。长 260 千米、宽 148 千米，最大深度达 88 米，海湾呈东北—西南走向。舍利霍夫湾东北部的泰戈诺斯半岛将海湾分成吉日金湾和品仁纳湾两部分。吉日金湾地处北纬 60°附近，属亚寒带大陆性气候，冬季严寒。从 10 月至次年 6 月，海水处于封冻状态，融冰期多流冰，不利于航行。湾区潮汐变化大，潮汐高度可达 9.6 米，潮汐能丰富。湾口外西侧的马加丹是俄罗斯海空军基地。海湾沿岸人烟稀少，大部分地区尚未开发，居民大部分是俄罗斯人。渔业是该区域重要的经济来源，也是当地居民食品的主要保障来源，主要海产品包括鲱鱼、比目鱼和蟹等，且多海狗、海驴、海豹和白鲸等海洋生物。俄罗斯马加丹州位于海湾北岸，主要出口产品是鱼类和其他海产品，其次是黑金属和有色金属，出口产品面向的国家主要是日本、韩国、美国和英国。马加丹州水产加工基地在沿岸有 15 个工厂，其技术能力能够生产真空包装、熏制、腌制、食用和工业用产品等 300 多种不同加工深度的水产品。

加利福尼亚湾

加利福尼亚湾是墨西哥西北部狭长海湾，位于太平洋东部，被下加利福尼亚半岛和美洲大陆三面环绕，只有南与太平洋相连。长约 1200 千米，平均宽 153 千米。总面积约 16 万平方千米。盐度 35 左右。被安赫尔－德拉瓜尔达和蒂布龙两岛截为南北两部分。北部较浅，水深一般不超过 180 米；南部较深，最深处超过 3050 米。南北水域交汇处有汹涌的海潮，不利航行。湾内岛屿众多，多为火山岛。由于红色藻类大量繁衍，海水呈红色。科罗拉多河、亚基河、索诺拉河、富埃尔特河等注入海湾。沿岸主要港口有拉巴斯和瓜伊马斯。西南沿海有采珍珠业。1532 年，西班牙征服者科尔特斯派出的一支探险队到达该湾，但不知这是海湾，故又称科尔特斯海。

加露林湾

　　加露林湾是韩国境内的半封闭性内湾，位于朝鲜半岛西海岸忠清南道瑞山市和泰安郡之间的泰安半岛北部，东侧属于瑞山市，西侧属于泰安郡。水质良好，环境优良，没有发现低盐度水和低氧水，是韩国重要的潮滩之一。韩国政府已经将这一地区列入了国家湿地清单，同时由联合国开发计划署和全球环境基金管理的黄海大型海洋生态系统项目也调查了海湾的生态。根据 1981 年在韩国海洋研究与发展研究所支持下进行的渔业资源调查，海湾是许多鱼类的重要产卵场。加露林湾是韩国最重要的养鱼场之一，周边约有 2000 个渔业家庭，是忠清南道发展养殖渔业和沿海渔业的中心地区。由于海湾水质优良，已成为各种保护物种群落聚集地，是濒危野生动物斑海豹的栖息地。韩国政府为保护加露林湾的生态环境，于 2016 年 7 月 28 日将其划为海洋保护区。

　　加露林湾为韩国西部海岸，因具有潮汐能大的地理优势，加露林湾潮汐发电站坐落于此。潮汐发电站装机容量达 4.8×10^5 千瓦，年发电量达 1.2×10^9 千瓦时，共有 32 台机组。韩国在 1981 年发布的《关于在加露林湾建设潮汐电厂的评估报告》显示，加露林潮汐发电站的建设在经济上是有效的，2008 年 9 月将加露林湾潮汐发电站纳入可再生能源计划。但是韩国环境运动联合会（地球之友韩国）认为，加露林湾潮汐发电站的建设将破坏海湾地区宝贵的滩涂，从而加速全球变暖，违背了开发可再生能源的目的。

京畿湾

京畿湾是韩国京畿道面朝黄海（在朝鲜半岛被称为西海）的西岸海湾，是朝鲜黄海南道瓮津半岛与韩国忠清南道泰安半岛之间的半圆形海湾。地理坐标为北纬37°，东经26°附近。海湾西侧为黄海海域，湾幅约100千米，海岸线长约528千米。属沉降型海岸，因此湾内海岸线曲折、崎岖，有众多岛屿与海岬，共200余个岛屿。京畿湾海底很浅，几十千米的海面都在水深50米以下。潮差较大，其中牙山湾和仁川港潮差最大，分别达到8.6米和8.1米。挟带大量泥沙的汉江、临川江、安城川等大河在京畿湾一带形成了广阔的临海滩涂，滩涂已被进行了多种形式的开发利用，如盐田、贝类养殖、围垦等。属温带大陆性气候，夏季年均温约30℃，冬季约−10℃。年平均雾日约40天，冬季结冰（通常不妨碍航行），全年平均降水量约1200毫米。主要子湾有江华湾、南阳湾、牙山湾、海州湾，主要岛屿有江华岛、乔桐岛、大阜岛等。湾内仁川港为韩国第二大港口，是仅次于釜山港的第二大贸易港。

科尔科瓦多湾

科尔科瓦多湾是南美洲南部智利境内的海湾，行政上属于湖区和艾森区，沿岸是奇洛埃省、兰基休省和帕雷纳省。位于奇洛埃岛东南海岸、维尔孔角和雷夫吉奥岛的大陆海岸之间。东靠科迪勒拉山系的巴塔哥尼亚山脉，西邻奇洛埃岛、查考海峡、瓜福口海峡，南与艾森区的乔诺斯群岛相连，北界蒙特港。在南纬43°10′～43°41′，西经73°06′～73°50′，有一个可供进行海底练习的区域。海湾南北长度为 92.6 千米，平均宽度为 46.3 千米，最深处可达 200 米（南部地区）。地质构造为弧前盆地，已出现第四纪冰川。海湾底部与特兰基岛尖端的底部平行，水流十分清澈，除了风或合并大量海流的洋流以外，航行不受其他因素影响。在蓬塔森蒂内拉的北部，水域较为平静，但海湾内的低谷等对航行有一定影响。在海湾中间，潮汐流每小时仅为 1.6 千米或 3.2 千米。在河道中，水流的速度是可变的，其大小取决于流量和回流；在某些情况下，会受诸如耶尔乔河、科尔科瓦多河和帕莱纳河等河流流量的影响。

科尔科瓦多湾内的典型现象是水的颜色，水体颜色呈泥土色或带红色。水体的颜色是由悬浮物质产生的，这些悬浮物质在西西里岛汇聚了耶尔乔河和科科瓦多河的水，并且被拖离海岸较远。海湾中有许多参考点，例如，远处的圣佩德罗岛的山顶、梅利默尤、扬泰勒斯、科尔科瓦多、比尔库恩和米钦马赫伊达山，这些参考点对于航海者来说非常有用，因为海湾内随时会出现大雾和低气压天气。

科尔科瓦多湾以西是著名的旅游景点智鲁岛。海湾西部有位于奇洛埃岛上的卡斯特罗市，卡斯特罗市是智利最古老的城市之一。科尔科瓦多湾地区以其生物多样性而闻名，夏季常有蓝鲸聚集。20 世纪 80 年代以来，海湾已成为鲑鱼和贻贝的重要生产基地，产量约占智利的 90%。

科拉尔湾

科拉尔湾是智利南部、太平洋沿岸的海湾，又称珊瑚湾。位于智利瓦尔迪维亚河口，属于太平洋的一部分。地理坐标为南纬 39°85′，西经 73°42′。海湾宽 5500 米，是往来贸易、运输、捕鱼工作的重要通道。距智利首都圣地亚哥以南 700 千米。属温带海洋性气候，1 月平均气温为 15℃，7 月平均气温为 4℃。沿岸地区主要植被为常绿落叶乔木。人口比较稠密，每平方千米约 166 人。海湾整年都有商人运输和渔船运输。在西班牙统治时期（1552 ～ 1820），科拉尔湾是美洲最大的设防系统之一，该系统中最大的 4 个堡垒是科拉尔湾的堡垒，这些堡垒控制着瓦尔迪维亚河的入水。

濑户内海

濑户内海是日本本州、四国、九州三岛包围的最大内海，有"日本的地中海"之称。"濑户"意为"狭窄海峡里的海"。位于本州岛西南，东经纪淡和鸣门、西经关门和丰予 4 个海峡分别同太平洋及对马海峡相通。海域大致呈东北—西南向，东西长 440 千米，南北宽 55 千米，水深一般 20 ～ 40 米，鸣门海峡最深处达 217 米。面积约 9500 平方千米。由良、鸣门、早鞆、速吸（丰予）四"濑户"内侧所囊括的海域称为广义的濑户内海；狭义者仅指明石海峡—鸣门海峡以西海域。地质上属于西南日本地带，由新生代中新世断层陷落和海侵而成。海岸线曲折，多港湾，海中分布有淡路、小豆、江田等七八百个大小岛屿（号称"岛屿三千"），成为多岛海。自东向西依次有播磨滩、燧滩、备后滩、伊予滩、周防滩等海域，海面开阔。海潮影响较大，播磨滩潮差可达 4 米。鸣门海峡海潮流速最甚，可达 12 海里 / 时，形成直径 15 ～ 30 米的大涡潮，十分壮观，为一游览胜景。

海区气候温暖少雨，多晴好天气。1月平均气温4～6℃，8月平均气温27℃，平均年降水量1200毫米（冈山附近）。多喜暖型植物。沿海渔业、盐业发达。古代和中世纪为日本同中国大陆间海上交往要道。江户时代成为从日本海沿岸向关西地区输送物产的主要通道。近现代随着沿海商港、渔港及大阪－神户商业、工业中心的繁荣而使沿岸经济逐渐发展起来。20世纪50年代中期以来沿岸填海造陆，相继建立了大型炼油、石油化学、钢铁、发电、汽车、造船等重化工业。随即形成了包括水岛、广岛、吴、福山、岩国、大竹、德山、松山、新居滨、坂出等工业中心组成的濑户内海新兴工业带。后又兴起电子信息和新型纺织、纤维产业。1988年4月修筑的连接本州与四国两岛间的铁路、公路两用跨海的濑户大桥全长37.3千米，促进了海峡地区经济与社会的发展。海峡沿岸主要部分已于1934年划为濑户内海国立公园，是日本唯一的内海式公园。

马鲁古海

马鲁古海是印度尼西亚东北部的岛间海，为马来群岛东部海域，原名摩鹿加海。位于苏拉威西岛与马鲁古群岛之间，东面隔哈马黑拉岛与哈马黑拉海相邻，南界隔苏拉群岛与班达海、塞兰海相连，西界为苏拉威西岛，北面经240千米宽的马鲁古海峡通达苏拉威西海和太平洋。东西长830千米，南北宽600千米，面积约30.7万平方千米，拥有一系列海沟、海盆和海脊。水深1000～2000米，最深处在东南头巴漳海盆，达 4810 米。这一地区以周期性的地震而闻名,地震源于区域板块运动。马鲁古海本身是一块微型板块,具有在两个相反方向上的俯冲,一个向西朝欧亚板块方向俯冲,另一个向东朝菲律宾海板块方向俯冲。周围各岛多火山活动,哈马黑拉岛上有活火山。因海岸陡峻,入海河流短小流急。东部、南部群岛区多珊瑚礁滩。地处赤道地区,属于热带季风气候,终年高温、多雨,年平均气温 25 ~ 27℃,年均降水量 2000 ~ 5000 毫米。由于受季风影响,2/3 的降水集中在 11 月至次年 4 月,旱季每月降水一般 30 ~ 50 毫米。海区表层盐度为 31 ~ 34。沿海各岛均盛产热带经济作物和热带鱼类。此外,这一海域还是印度尼西亚东部各海区北出太平洋的重要航道之一。

马尼拉湾

马尼拉湾是菲律宾中部、首都马尼拉西侧的天然海湾,位于吕宋岛西南部。地理坐标为北纬 14°31′,东经 120°46′。面积约 2000 平方千米,海岸线长 190 千米,最长为 19 千米,最宽约 50 千米。海湾几乎完全被陆地封闭,东邻甲米地和马尼拉大都会,北邻布拉干省和邦板牙省,西部和西北为巴丹省。流域面积约 17000 平方千米,邦板牙河约占淡水流入量的 49%。湾内平均深度约 17 米,总体积为28.9 立方千米。科雷希多岛位于马尼拉以西 48 千米处,将 18 千米宽的海湾入口分为南、北两个海峡,北海峡宽 3.2 千米,通航比较安全,南海峡较少使用。

马尼拉湾的北岸和东北岸与吕宋中部平原相接,沿岸海水较浅,是菲律宾面积最大的商业渔场。海湾大部分深度为 10～40 米，潮差中等。马尼拉湾海岸有高地森林、红树林、泥滩、沙滩、海草和珊瑚礁等，具有生物多样性。海湾周围的红树林生态系统具有生态和社会经济的双重作用，其独特的植物和动物物种紧密联系。作为自然栖息地，红树林在抵御气旋和风暴方面发挥了重要的缓冲作用。约 3000 年前，马尼拉湾与拉古纳德湾相连，沿西马里基纳谷断层不断发生的幕式隆升导致两者断裂，21 世纪以来马尼拉湾和拉古纳德湾之间的相互作用只发生在帕西格河。

马尼拉港在马尼拉湾最东部，包括岛际通航用的北港及国际通航用的南港。桑利角是美国－菲律宾海军保留地，位于东南海岸的卡维特附近。西部海岸的巴朗牙是小型捕鱼船队的基地。巴丹半岛和中科迪勒拉的山脉形成天然屏障，使马尼拉湾成为优良锚地。海湾地近东南亚，早在 1571 年西班牙殖民时期就具有商业重要性。1898 年 5 月 1 日，美军在美西战争决定性海战（马尼拉湾战役）中摧毁了西班牙舰队。第二次世界大战期间，许多菲律宾、美国和日本的船只在马尼拉、甲米地和科雷希多岛附近被飞机轰炸所击沉。1945 年 2～3 月，马尼拉湾被美军夺回。马尼拉湾位于菲律宾首都马尼拉周围，为菲律宾与邻国之间的商业和贸易提供了便利的航运条件，具有重要的战略意义。

莫罗湾

莫罗湾是菲律宾最大的海湾，为西里伯斯海的一部分。地理坐标为北纬 6° 51′, 东经 123°。东部是棉兰老岛的主要部分, 西部是棉兰老岛的三宝颜半岛, 半岛的主要水域通往海湾。海湾长 230 千米, 宽 160 千米。海域内是生物多样性密集地区, 是菲律宾金枪鱼的主要捕捞地。

"莫罗" (Morro) 在西班牙语中是圆形山岗的意思。莫罗岩是千万年前火山爆发所形成的, 是一块高约 176 米的火山岩巨石, 莫罗湾因此而得名。在莫罗湾与莫罗湾州立公园之间有一大片滩涂湿地, 是鸟类及众多野生动物的家园。莫罗湾属候鸟迁徙的必经之路, 南来北往的鸟类在迁徙途中都会选择在这里停歇, 部分鸟类甚至会将其作为繁殖地点。在莫罗湾湿地上, 分布有数十种的上万只鸟, 还有众多的其他野生动物生活在这里。菲律宾三宝颜市是一个国际港口, 东临海湾和西里伯斯海。东部沿海的哥打巴托市是另一个主要港口城市。莫罗湾也是重要的构造活动区域, 该地区有几个断层带, 能够引发地震和海啸地质灾害的发生。1976 年 8 月 16 日, 西里伯斯海发生了里氏 7.9 级地震, 引发的海啸导致莫罗湾沿岸 5000 多人死亡。

佩纳斯湾

佩纳斯湾是智利南部地区的海湾, 位于泰陶半岛以南的太平洋地区。地理坐标南纬 47° 22′, 西经 74° 50′。南北长 93 千米, 东西宽 110 千米。最低深度为 75 米。气候受海洋影响较大, 一年仅有冬夏两季, 年平均气温为 8 ~ 9℃, 最高气温出现在 1 月。常年伴随大风和暴雨, 十分不利于航海活动。佩纳斯湾地区沙底常常很低, 几乎全部由岩石组成, 并且全部以马尾藻为标记。佩纳斯湾又称危难湾, 意为能够躲避该纬度太平洋上恶劣天气的港湾。传说当船只穿越海湾时，能够看到来自西方的强电流。

佩纳斯湾内洋流从西向东上平行于南纬50°进入陆地。当到达大陆时，洋流被一分为二，其中一支朝北穿过智利和秘鲁的海岸，被称为洪堡流；另一支沿着群岛海岸到达东南部。风是对潮汐和洋流影响最大的天气因素。潮汐主要影响巴塔哥尼亚群岛，巴塔哥尼亚地区夜间的潮汐范围大于白天。

佩纳斯湾的海岸线和岛屿都是火山岩，没有植物层，地衣和苔藓长成海绵状，但在山坡和空洞上却生长着茂密的森林及灌木丛，有橡树、柏树、桃金娘等。动物种类比较稀少，有狐狸、水獭等。海湾形成于第三纪板块构造运动，因板块分离造成了地质塌陷，之后陆地沉降到当前位置，从而使得海水大量涌入，形成了众多的岛屿和海湾。海湾沿海地带山势险峻，沟壑众多，悬崖峭壁十分陡峭。在大陆海岸上，有高大的山脉。

普伦蒂湾

普伦蒂湾是新西兰北岛东北部的海湾，介于科罗曼德尔半岛的怀希比奇与拉纳韦角之间，东西宽160千米。有源自胡伊厄旁岭的朗伊泰基河和瓦卡塔尼河等河流注入海湾。湾内有几个小岛，面积最大的怀特岛位于海湾西部，护卫着陶朗阿港。环岛公路沿海湾延伸，沿线分布着一些小规模居民点，如芒特芒阿努伊、马凯图和奥波蒂基等地。沿海平原有奶牛、羊饲养业。

日本海

日本海是亚洲大陆与日本群岛之间半封闭式的西北太平洋边缘海，朝鲜、韩国称"东海"。位于欧亚大陆东侧，周围环以萨哈林岛（库页岛）、北海道岛、本州岛、九州岛、对马岛和朝鲜半岛等。经周边的鞑靼海峡（日本称间宫海峡）、宗谷海峡（拉彼鲁兹海峡）、津轻海峡、关门海峡、对马海峡和朝鲜海峡6个海峡分别同鄂霍次克海、太平洋、濑户内海、东中国海、黄海等相通。海域呈不规则菱形，东北部狭窄，中、南部宽广。从东北向西南延伸长达约2200千米，东西宽约900千米，最大宽度1265千米。面积约100万平方千米。地处深海盆，平均深度为1350米，最大深度3796米。

日本海海底地形分为3部分：①北纬40°以北为日本盆地，是最深的部分，有一条南北方向狭长的鞑靼海槽。②北纬40°～44°的东南部为大和盆地，海底平坦。③北纬40°以南的西南部为对马盆地，海水最浅。这一海域大陆架面积约28万平方千米，占海域总面积的1/4。大陆坡分为500～1000米与2000～3000米两个海底斜面。3000米以上的深海盆面积约30万平方千米。日本群岛一侧大陆架较宽，而朝鲜半岛与俄罗斯远东一侧则较窄，平均宽度为30千米。形成于新近纪初期至中期。

日本海属于温带季风气候，表层水温自北向南递增，1月平均水温为-2～13℃，8月为18～27℃。海域东部有对马暖流以926～1852米/时的速度北上，并分别从津轻、拉彼鲁兹海峡流向太平洋和鄂霍次克海。西部有利曼寒流以370米/时的速度沿西海岸南下。表层海水盐度为 33 ～ 34。海域年降水量北部为 600 毫米，南部为 1200 ～ 1500 毫米。潮汐作用较小，潮差一般为 0.2 ～ 0.4 米。

日本一侧的秋田、新潟和萨哈林岛沿岸及对马海盆等大陆架区域均蕴藏石油、天然气。在寒、暖流前缘和沿岸河口附近，富浮游生物，水产资源丰富，盛产沙丁鱼、墨鱼、鲭鱼、大麻哈鱼等。随着东北亚各国间贸易的增长，这一海域日益成为商业运输的航道。沿岸的主要港市有俄罗斯的苏维埃港、纳霍德卡、符拉迪沃斯托克（海参崴）、斯拉夫扬卡、扎鲁比诺和波谢特等港，朝鲜的先锋、罗津、清津、金策、兴南和元山等港，韩国的束草、东海、浦项、蔚山、釜山和镇海等港，以及日本的稚内、石狩、小樽、函馆、青森、秋田、新潟、松山、敦贺、舞鹤、鸟取、境港、滨田、下关、北九州和福冈（博多）等港。中国在图们江下游的防川内河港经恢复与建设，可依相关国际条约与协定经图们江口进出日本海海域。

塞兰海

塞兰海是印度尼西亚东部的岛间海，位于伊里安岛西侧，澳大利亚北部港口到菲律宾的航道上。地理坐标为南纬 2°20′，东经 128°00′。东界为伊里安岛、极乐鸟半岛和邦巴赖半岛的西南海岸，南界卡伊群岛、塞兰岛、安汶岛并与班达海相邻，东南连接阿鲁海，西北隔苏拉群岛与马鲁古海相邻，北与米苏尔岛、奥比岛与哈马黑拉海相连。

塞兰海海域呈新月形，沿西北—东南方向延伸。东西长 940 千米，南北宽 160 千米，面积 18.7 万平方千米。地处热带地区，属热带雨林气候，终年高温多雨，空气潮湿。年均气温 25 ～ 27℃，平均年降水量 2000 毫米以上。海岸边断续分布有小面积的珊瑚礁滩，在西北—东南方向呈弧形延伸。多数海岸边海水陡深，200 米等深线离岸不足 15 千米。东部深 1000 ～ 2000 米，西部有东西方向延伸的深水区，深 2000 ～ 4000 米。奥比岛以南有一深海盆，最深处 5319 米。

塞兰海上各岛多山地，岸线曲折，伯劳湾是最大海湾，两岸有广阔的平原，河网密布。其他海岸多陡岸，岸边的平原狭窄，河流短小流急。沿海各岛均盛产香料等热带经济作物，如肉豆蔻、丁香和黑胡椒等。塞兰海也是热带鱼类的乐园，是几种热带虾虎鱼和许多其他热带鱼类的栖息地。海区地壳活动频繁，2012 年 6 月 9 日 16 时 49 分发生 5.4 级地震。在塞兰岛北岸发现了石油并已开采。

珊瑚海

珊瑚海位于太平洋西南部。西、北、东三面分别被澳大利亚大陆、新几内亚岛、所罗门群岛、新赫布里底群岛等环绕。向南开敞，一般以南纬 30°线与塔斯曼海邻接。北部介于新几内亚岛与所罗门群岛之间的海域，又称所罗门海。北经托雷斯海峡与阿拉弗拉海相通。总面积 479.1 万平方千米，相当于北冰洋面积的 2/5。海底自西向东倾斜，交错分布着若干海盆、海底高原和海底山脉。平均水深 2394 米。所罗门群岛和新赫布里底群岛内侧有一狭长深邃的新赫布里底海沟，是全海域最深的地方，最大深度 9165 米。海水总体积 1147 万立方千米。

地处热带，气候湿热，最热月（2月）平均气温可达 28℃。每年 1～4
月多台风。表层海水全年平均温度在 20℃以上，盐度 27～37。周围
几乎没有较大的河流注入，海水洁净，呈深蓝色，透明度较高（约 20
米），有利于珊瑚虫生长。在大陆架和浅滩上，以及以岛屿和接近海
面的海底山脉为基底，发育了庞大的珊瑚群体，构成众多的珊瑚岛礁，
珊瑚海因此而得名。其中以澳大利亚大陆东北海岸的大堡礁最为著名，
全长 2000 余千米，为世界上规模最大的珊瑚礁群。珊瑚海中多鲨鱼，
故又有"鲨鱼海"之称。其他水产资源有鳗鱼、鲱鱼、金枪鱼、海参、
龙虾和珍珠贝等。

圣巴勃罗湾

圣巴勃罗湾是位于加利福尼亚州北部旧金山湾区的东湾和北湾地区
的海湾。地理坐标为北纬 38°04′，西经 122°23′。圣巴勃罗湾是一个
潮汐河口，形成于旧金山湾北部延伸区。跨径约 16 千米，面积约 230
平方千米。海湾水深较浅，但海湾中间有一条深水通道，能够使航运
通往萨克拉门托、斯托克顿、贝尼西亚和马丁内斯的主要港口及其他
小港口。

圣巴勃罗湾内水主要来自上游由萨克拉门托河与圣华金河所汇聚而
成的色逊湾，下游接续旧金山湾，并从金门大桥处出海至东太平洋。在
圣巴勃罗湾与旧金山湾之间的两个突出的半岛是两个海湾的界线，东侧
的半岛是里士满，西侧的半岛是圣拉斐尔。圣巴勃罗湾由南部和东部海
岸的康特拉科斯塔县，以及北部、西部海岸的索拉诺县和马林县共享，

县界位于海湾中心附近。圣巴勃罗湾沿岸有里士满、圣巴勃罗、皮诺尔等社区。因海湾靠近几个主要机场，海湾地带除为空中交通走廊之外，还是一个飞行员训练区。虽然海湾面积巨大，但水域较浅，故航行条件较差。

圣巴勃罗湾沿海有许多未开发的土地，主要为盐沼和滩涂。海湾是太平洋飞行小道上灰背鸭种群的主要越冬站，也是众多水禽迁徙的集散地。海湾北部的大部分地区都是圣巴勃罗湾国家野生动物保护区的一部分，濒危物种包括加利福尼亚棕鹈鹕、盐沼收获鼠等，盐水物种包括条纹鲈鱼、海鲫、鲟鱼、星鲽比目鱼、豹鲨和凤尾鱼。

圣弗朗西斯科湾

圣弗朗西斯科湾是美国加利福尼亚州中部的河口湾，又称旧金山湾。位于萨克拉门托河下游出海口，由没入海水中的河谷形成，经金门湾通太平洋，是世界上最佳天然港湾之一，铸就了加利福尼亚州北部著名的大都会区——旧金山湾区。属于地中海气候，冬季温和湿润、夏季干旱炎热，干湿季分明，湿润的季节大约是11月到次年3月，降水量占年降水量的八成。海湾呈南北链型，长97千米（60英里），宽5～19千米（3～12英里），周围分布独立的城市，以半岛的旧金山、东湾的奥克兰，以及南湾的圣荷西为主要聚落。湾内主要岛屿有：①阿拉米达岛，湾内最大的岛屿，现在是一座城市。②天使岛，东亚移民的入境点，现在是一个州立公园。③耶尔巴·布埃纳岛，被连接旧金山和奥克兰湾大桥东西跨度的隧道穿过。④金银岛，1939年金门国际博览会的所在地，原是海军设施，现已转为民用。⑤阿尔卡特拉斯岛，隔离在海湾中心，是著名的联邦监狱所在地。

圣弗朗西斯科湾是加利福尼亚州最重要的生态栖息地，加州的太平洋大蟹、加州大比目鱼和太平洋鲑鱼渔场都依靠海湾作为苗圃。剩下的少量盐沼现在代表了加州大部分剩余的盐沼，为许多濒危物种提供支持，并提供了关键的生态系统服务。每年有数以百万计的水禽将海湾浅滩用作避难所。圣弗朗西斯科湾提供多种休闲娱乐项目，包括帆船、垂钓、游泳等。海湾还是太平洋航线中的关键一环。

苏比克湾

苏比克湾是菲律宾吕宋岛西南部的重要港湾。东面为马亚加奥岬，西部为比尼克提坎岬。长 14 千米、宽 8 ～ 13 千米、水深 24 ～ 50 米，有良好的锚地，军事地位十分重要。海湾东、北、西三面环山，沿岸有次生林，风浪较小，隐蔽性好。1901 ～ 1992 年，美国在海湾的东南岸建过海军基地，称苏比克湾海军基地，为菲律宾最大的海军军事设施。第二次世界大战时遭严重破坏。1955 ～ 1975 年曾起过重要的供给和维修作用。20 世纪末，菲律宾政府收回了基地主权。苏比克湾属于热带海洋性气候，年平均气温 26℃，5 月份最高，平均约

苏比克湾风光

30℃。年平均降水量约 3800 毫米, 6～8 月为雨季。台风和强热带风暴多发生在 5～12 月。潮汐属日潮, 平均潮差 0.9 米, 最大潮差 1.8 米, 潮流较弱, 流向不定。最大的居民点是奥隆阿波。盛产稻米、玉米和香蕉。港湾附近风景优美, 亦为度假胜地。

苏拉威西海

苏拉威西海是东南亚东部海域, 属太平洋, 又称西里伯斯海。位于棉兰老岛、加里曼丹岛（婆罗洲）与苏拉威西岛之间, 北面穿过苏禄群岛通苏禄海, 东面穿过桑义赫群岛通马鲁古海, 西南穿过望加锡海峡通爪哇海及佛罗勒斯海。南北最长 675 千米, 东西最宽 837

苏拉威西海的晚霞

千米, 面积 43.5 万平方千米。属于热带雨林气候, 终年高温多雨, 年平均气温 26～27℃, 年平均降水量 2000～2500 毫米。由于受季风影响, 6 月至 10 月多雨, 11 月至次年 5 月少雨。盐度 31～34。苏拉威西海盆为断层形成的地堑谷, 岸边陡峭, 底部大致平坦。海域最深 6220 米, 在棉兰老岛西南方。太平洋海流从棉兰老岛以南进入, 由望加锡海峡向西南流出。渔产丰富。沿岸港口有菲律宾的三宝颜、马来西亚的斗湖、印度尼西亚的打拉根和万鸦老。沿岸和岛屿之间贸易兴盛。

苏禄海

苏禄海是菲律宾西南部海域，被民都洛岛、班乃岛、内格罗斯岛、棉兰老岛、苏禄群岛和巴拉望岛所包围。南北长 790 千米、东西宽 600 千米，面积 26 万平方千米。东南部最深处 5580 米。处于太平洋西部的岛弧带上，地壳不稳定，是火山、地震的活动带。属于热带季风气候，温度高、降雨多、湿度大，多热带风暴。冬季不受大陆气团侵袭，气温较暖，年平均气温 24 ～ 26℃，气温年变幅很小。年平均降水量 2000 ～ 3000 毫米。含盐度 31 ～ 34。渔产十分丰富，盛产珍珠、鲨鱼、海龟和龟卵等。曾是摩洛海盗的据点，现为周围岛际间贸易通道。主要港口有菲律宾的三宝颜、马来西亚的山打根等。

塔斯曼海

塔斯曼海是太平洋西南部海域，位于澳大利亚东南部、塔斯马尼亚岛和新西兰之间。北为珊瑚海，西南经巴斯海峡与印度洋相连，东有库克海峡与太平洋相通。因荷兰航海家 A.J. 塔斯曼 1642 年航行于这一海域而得名。海域东西最宽处为 2250 千米，面积约 230 万平方千米。底部为塔斯曼海盆，最深处 5943 米。南赤道洋流和信风漂流在这里向南汇合形成东澳大利亚洋流，对澳大利亚海岸有重大影响。在塔斯曼海东部，表面环流 1 ～ 6 月受来自西太平洋的洋流（暖流）的控制；而 7 ～ 12 月则受来自亚南极向北运动通过库克海峡的较冷海流的控制。上述各洋流使海域南部为温带气候，北部为亚热带气候。表层水温：冬季（8 月），北部 22℃、南部 9℃；夏季（2 月），北部 25℃、南部

15℃。海水盐度为35。因地处西风带，塔斯曼海以其咆哮的风暴闻名。经济鱼类有鲔鱼、鲱鱼、旗鱼、飞鱼等。巴斯海峡东端吉普斯兰盆地有澳大利亚最大的近海油气田。沿岸主要港口有澳大利亚的悉尼、新西兰的奥克兰等。

泰国湾

泰国湾位于南海西南部，中南半岛和马来半岛之间，又称暹罗湾。湾口以金瓯角至哥打巴鲁一线为界。长约720千米，大部分宽480～560千米，口宽370千米（但水深50～58米的水道宽仅56千米），面积约25万平方千米，为南海最大的海湾，是泰国和柬埔寨通往太平洋和印度洋的海运要道。平均水深45.5米，最大深度86米。海区是第三纪时断裂下陷而成。两岸有中生代花岗岩断块隆起，为呵叻盆地和豆蔻山，西为马来半岛的山脉。除湾顶曼谷湾和湾口金瓯半岛有连片沙岸外，其余大都是岩岸。第三纪以来的巨厚沉积充填了泰国湾断陷盆地，沉积层最厚达7500米以上。

泰国湾大部分属于热带季风气候，11月至次年1月多东北风，5～9月多西南风。局部地区有短暂的热带暴风雨。南端为赤道气候，终年湿热多雨。北部是南海最酷热的海区，干湿季明显，5～10月为雨季，其余为干季。南部终年多雨，10月至次年1月降雨略多，干湿季节不明显。温度略低于北部。因受南海季风海流影响，湾内海流随季节而异，流速一般小于25厘米/秒。西南季风期间，湾内环流呈顺时针方向，但湾口呈逆时针方向；东北季风期间，湾内仍呈顺时针方向，但湾内东部呈逆时针方向。表层盐度冬季为 30.5 ~ 32.5，夏季为 31.0 ~ 32.0。表层水温以 4 月最高（30 ~ 31℃），1 月最低（27 ~ 28℃）。高温、低盐、高氧的表层海水常在湾的中部与外海水相遇而下沉，形成辐合带；相对低温、高盐、低氧的底层海水在局部地方上升，形成辐散带。潮汐性质以不规则全日潮占优势，潮差小，一般不到 2 米，湾顶可达 4 米。湾内潮流流速常达 50 厘米 / 秒。海浪也随季风而异：11 月至次年 1 月以东北浪为主，月平均波高为 0.5 ~ 0.9 米；3 ~ 8 月以偏南浪居多，月平均波高为 0.6 ~ 0.9 米。

由于上升流掀起海底营养盐，有利于海洋浮游生物繁殖生长，海区生产力较高。湾内散布着珊瑚礁和红树林。主要的经济鱼类有羽鳃鲐、小公鱼、小沙丁鱼、圆鲹、鲱、鲣、马鲛、鲨、鳐、鲅、鲻等；盛产对虾和海蜇；还有牡蛎、珍珠贝、乌贼、蟹、海参、海龟等。沿海海水养殖业比较发达。油气资源丰富，普拉通和尤宁的海上气田有输气管经曼谷湾东海岸开发区通曼谷，总长 595 千米，其中海底长 425 千米，是世界上最长的海底天然气管道之一。海岸线长约 2600 千米，北部和东北部较曲折，西部和东部较平直。越南岸段林密、道少；柬埔寨岸段为岩岸，多山地、岛屿，西哈努克港为其最大海港；泰国岸段为沙岸，多平原和水网稻田地，曼谷为全国最大海港。

泰国湾的布氏鲸和海鸥

威廉王子湾

威廉王子湾是阿拉斯加湾内的海湾，位于阿拉斯加楚加奇山脉的沿海弧线上。海湾位于基奈半岛以东，主要屏障岛屿是蒙塔古岛、欣钦布鲁克岛和霍金斯岛。威廉王子湾及其海岸线被东部、西部和北部的楚加奇山脉所环绕，海岸线长约 5000 千米。约 80 千米长的蒙塔古岛和几个较小的岛屿形成了海湾的自然防波堤。1778 年，英国皇家海军军官 G. 温哥华以当时的威廉王子、后来的英国国王威廉四世命名此海湾。

威廉王子湾有 20 多个冰川于其海平面上。这些冰川形成的原因是冬季太平洋寒冷，低压系统遇高山气流辐合上升产生降雪；楚加奇山脉地处较高海拔地区，积聚的终年积雪压缩成冰，久而久之形成流向大海的冰川。冰川覆盖威廉王子湾地区的时间可能长达近 1500 万年，为世界上冰川最多的地区之一。在 250 万年前的更新世冰川期，冰川覆盖了北美北部大部分地区，冰川中积聚了太多的水，海平面比今天低了 45～90 米。威廉王子湾内覆盖着巨大的山麓冰川，据学者们推测，大约在 1.5 万年前，西伯利亚的游牧民族可以步行穿越威廉王子湾。

威廉王子湾内深水更新发生在冬季，阿拉斯加内陆的冷风使地表水冷却下沉，而温暖的海底水上升到地表，带来丰富的营养物质，支持春天大量浮游生物的繁殖。航运集中在瓦尔迪兹港、横贯阿拉斯加管道的南部终点站和科尔多瓦港之间，湾内最大的港口是瓦尔迪兹港。海湾上的许多小岛有定居点，如科尔多瓦和惠蒂尔、阿拉斯加的切内加和塔特里克都有土著村落。

海峡周围的大部分土地属于美国楚加奇国家森林保护区（美国第二

大森林公园），位于楚加奇山附近，当地的渔业、矿业和林业发达。湾区内常见的植物有泥炭藓、沼泽青蛙兰、白色沼泽兰花、长叶茅膏菜、茅膏菜、瑞典茱萸、沼泽迷迭香、矮蓝莓、沼泽蔓越莓、沼泽龙胆等。威廉王子湾的山麓冰川大约在 1.2 万年前大幅度退缩，其深海峡湾、岛屿和众多淡水溪流为河口浮游生物提供丰富的食物，而洋流则将浮游生物进一步扩散，也使得这里海洋生物资源较为丰富。

　　1964 年，威廉王子湾被一场大地震摧毁，地震引发的海啸影响了阿拉斯加湾沿岸、加拿大、美国西海岸及夏威夷等地区，还损坏或摧毁了安克雷奇市中心的大部分地区。1989 年 3 月 24 日，埃克森公司的埃克森·瓦尔迪兹号油轮在威廉王子湾附近触礁，发生了大规模的石油泄漏事故。延迟控制的石油泄漏和自然的强风、海浪分散了 4000 多万升原油。石油泄漏最终污染了数千千米的海岸线和附近的水域，甚至影响了南部的科迪亚克岛和阿拉斯加半岛之间的谢利科孚海峡南端。后期人们付出了巨大的努力来清理漏油，恢复被破坏的生态系统。

下龙湾

　　下龙湾位于北部湾西部的越南东北沿海，广宁省东南部，湾宽 70～80 千米，湾内有一系列东北—西南向的岛屿，均由石灰岩组成。山峰奇突，形状各异，林木葱郁，景色秀丽。其中以吉婆岛、群兰岛、香葩岛等最著名。海产丰富，为越南乃至东南亚著名的旅游胜地。1994 年，被联合国教科文组织作为自然遗产列入《世界遗产名录》。2011 年，被联合国教科文组织列为"世界新七大自然奇观"之一。

亚库塔特湾

亚库塔特湾是美国阿拉斯加州的海湾，从醒悟湾向西南延伸到阿拉斯加湾，宽约 29 千米。亚库塔特湾有多个名字：①英国航海家 J. 库克将其命名为白令湾。② J.-F.de. 拉彼鲁兹将其命名为蒙蒂湾。③ N. 波特洛克船长和西班牙人将其称为金钟湾。④ A. 马拉斯皮纳和 J.de. 布斯塔曼特·伊·格拉称其为马尔格雷夫港。这里沿海地区居住的土著美洲人是旧石器时代游牧猎人的后裔，大约公元前 3000 年便在此定居，他们创造了举世闻名的图腾艺术。

1899 年 9 月，亚库塔特湾发生 7.4 级前震和 8.0 级主震两次大地震，时间相隔 37 分钟。2008 年，相关专家学者发表文章，对两次大地震进行了地质和地球物理评估，提出：①亚库塔特湾沿岸的新兴海岸线发生了大约 50 千米 ×30 千米的宽隆起，主要与局部隐性浅倾冲断层的逆滑有关。②沉陷地带主要是由于未合并矿床的非构造表层淹没所致。③地震造成的大部分地表裂缝带是"凹坑"，可能是由于陡坡的大规模重力塌陷引起的，而不是由断层引起的。

大西洋

　　大西洋是地球第二大洋，位于欧洲、非洲和南、北美洲之间。北以冰岛－法罗岛海丘和威维尔－汤姆森海岭与北冰洋分界，南临南极洲，并与太平洋、印度洋南部水域相通，西南通过南美洲合恩角的西经67°线同太平洋分界，东南通过南非厄加勒斯角的东经20°线同印度洋为界。

　　大西洋东西狭窄（赤道区域最短距离仅约2400多千米）；南北最长，约1.6万千米，呈S形。大西洋的面积，连同其附属海和南大洋部分水域在内（不计岛屿），约9165.5万平方千米，约占海洋总面积的25.4%。平均深度为3597米，最深处位于波多黎各海沟内，为9218米。

　　大西洋东西岸线大体平行。南部岸线平直，北部岸线曲折，有众多的岛屿和半岛穿插分割，形成一系列边缘海、内海和海湾。如地中海、黑海、波罗的海、北海、比斯开湾、几内亚湾、加勒比海、墨西哥湾和圣劳伦斯湾等。注入大西洋的主要河流有圣劳伦斯河、密西西比河、奥里诺科河、亚马孙河、巴拉那河、刚果河、尼日尔河、卢瓦尔河、莱茵河、易北河，以及注入地中海的尼罗河等。

大西洋中沿岸岛屿众多，开阔洋面上岛屿很少。岛屿总面积约 107 万平方千米，大体可分两类：一类是大陆岛，如大不列颠岛、爱尔兰岛、纽芬兰岛、大安的列斯群岛、小安的列斯群岛、加那利群岛及马尔维纳斯群岛（福克兰群岛）等；另一类是火山岛，在洋中部呈串珠状分布，如亚速尔群岛等。

著名海峡有沟通北海与大西洋的英吉利海峡（拉芒什海峡）、多佛尔海峡（加来海峡），沟通黑海、地中海与大西洋的博斯普鲁斯海峡、达达尼尔海峡和直布罗陀海峡，沟通波罗的海与北海的卡特加特海峡、厄勒海峡和大、小贝尔特海峡,沟通墨西哥湾与大西洋的佛罗里达海峡等。

◆ 地质地形

大西洋洋底可分为 4 个基本构造单元，即大陆边缘（面积约占大西洋总面积的 1/3，包括大陆架、大陆坡、大陆隆起）、过渡带（所占面积很小，包括岛弧、边缘海盆、海底高地及深海沟）、洋盆（面积约占 1/3，包括大洋盆地、洋底山脉或高地）和洋中脊（面积约占 1/5）。

洋中脊

大西洋中脊又称大西洋海岭。它北起冰岛,纵贯大西洋,南至布韦岛,然后转向东北与印度洋中脊相连。全长 1.7 万千米，宽 1500 ～ 2000 千米，约占整个大洋宽度的 1/3。洋中脊由一系列平行岭脊（一般距海面 2500 ～ 3000 米，脊峰突出海面部分形成岛屿）组成，岭脊高度从中轴向两侧逐级降低。岭脊之间则为宽 12 ～ 40 千米的裂谷，脊轴部的裂谷较宽（30 ～ 40 千米），称中央裂谷。中脊两翼一般都具有较陡峭的边缘和不甚规则的地形。大西洋中脊由无数横向断裂带切断并错开，这些与中脊走向近于垂直的横向断裂带（转换断层），在地形上表现为深切的线状槽沟。位于赤道附近的罗曼什断裂带，最深处罗曼什海沟深达7856米，将大西洋中的洋中脊切断并错开1000余千米，把整个大西洋海岭分为北大西洋海岭和南大西洋海岭两大部分。

由于洋中脊的中隔，大西洋底大致分为东西两列海盆。深度超过6000米的海盆，东列有加那利海盆、佛得角海盆和几内亚海盆；西列有北亚美利加海盆、巴西海盆和阿根廷海盆。此外，在南大西洋海岭南端布韦岛以南至南极大陆附近，还有一个较浅的大西洋－印度洋海盆，水深一般不超过5500米。

大陆架

大西洋大陆架面积约占大西洋总面积的1/10。在不列颠群岛周围，包括整个北海，宽度常达1000千米，是世界海洋中较宽阔的大陆架区域之一。几内亚湾沿岸、巴西高原东北段、伊比利亚半岛西岸等处的大陆架都很窄，一般不超过50千米。

大陆坡

沿欧、非大陆架外缘的大陆坡比较陡峻，宽度仅20～30千米；美洲大陆架外侧的大陆坡比较平缓，宽度可达50～90千米。墨西哥湾海盆的西缘和阿根廷东侧的大陆坡，可从100～200米逐级递降至深5000米以上。大陆坡上还有上百条海底峡谷，尤以北美东侧大陆坡上最多。其形成与浊流冲刷有关，也有人认为可能是由构造作用形成的。格陵兰岛与拉布拉多半岛之间的中大西洋海底谷，是世界上最为著名的海底峡谷。在大陆坡坡麓，有坡度比较平缓的深海扇。有的是由断层、地震或巨大的风暴，使大陆边缘的疏松沉积物崩塌下滑堆积而成；有的则由河流带来的沉积物所组成。

大陆隆

大陆坡与海盆之间常有地壳隆起分布，其坡度远比大陆坡为小。较显著的大陆隆起有格陵兰－冰岛隆起、冰岛－法罗岛隆起、布莱克隆起和马尔维纳斯隆起等。

岛弧和海沟

在大西洋中有两条岛弧带和深海沟。一条是由大、小安的列斯群岛组成的双列岛弧带和岛弧北侧的波多黎各海沟；另一条是在南美洲南端与南极洲南极半岛之间向东延伸的岛弧带（岛弧由南佐治亚岛、南桑威奇群岛和南奥克尼群岛等组成）及岛弧东缘的南桑威奇海沟。波多黎各海沟长约 1550 千米，平均宽 120 千米，大西洋最深点就在这里。南桑威奇海沟长约 1450 千米，平均宽 70 千米，最大深度 8264 米。

海底沉积

大西洋底的沉积物一般分为大陆边缘沉积和深海沉积两大类。大陆边缘沉积分布相当广泛，覆盖面积约占大西洋洋底总面积的 25%。这类沉积主要由陆源碎屑物质和浅海生物残骸组成。在南极大陆架和部分大陆坡上，有相当数量的冰成海洋沉积，冰岛附近的大陆架和亚速尔海台上还有火山灰分布。深海沉积分布于远离大陆的深水区域，覆盖面积约占洋底总面积的 74%。它是多种来源物质的复杂组合，一般以生物沉积（钙质软泥和硅质软泥）和多源沉积（红黏土）为主。钙质软泥的分布范围最广，其中绝大部分为有孔虫（钙质）软泥，多见于 3000 ～ 4000

米的深度上，翼足类（钙质）软泥仅见于热带 2500 米以浅的海域。硅质软泥以硅藻软泥为主，广泛分布于两极附近的洋底。放射虫（硅质）软泥则仅见于安哥拉海盆的局部区域。多源沉积（红黏土）普遍见于 5000 米以深的深海盆地，其沉积速率通常每 1000 年 1 ～ 2 毫米。此外，在大西洋的深海沉积物中还常夹杂有粗粒径的陆源砂，这是由浊流从大陆边缘带来的。它们分布于大西洋的边缘区域。

形成和演化

大西洋底由地壳张裂扩展而成。大西洋中脊的裂谷区则是洋底地壳受张力而下沉的狭窄地带。按照海底扩张说和板块构造说，大西洋是由 2 亿年前存在的一个泛大陆解体裂开而形成的。从大西洋中许多岛屿最古的岩石年龄来看，冰岛不超过 1000 万年，亚速尔群岛不早于 2000 万年，百慕大群岛为 3500 万年，佛得角群岛为 5000 万年，靠近非洲西岸的马西埃·恩圭马·比约岛（比奥科岛）和普林西比岛为 1.2 亿年。这表明离大西洋中脊愈远，岩石形成的时代愈早，年龄也愈古老。洋中脊附近的沉积层很薄、很年轻。越远离中脊，沉积层越厚，年代也越古老。现代大西洋开始形成的时期不早于中生代。

◆ 气候

大西洋的气候由于受大气环流、纬度、洋流性质，以及海陆轮廓的影响，不仅南北差别较大，而且东西两侧也有明显的差异。北大西洋的气温比南大西洋高；大洋东、西两侧的气温有较大的差别。除南大西洋高纬区外，气温的年变幅都比较小。赤道海区终年高温（25 ～ 26℃），气温的年变化极小。在南、北纬 20° 之间的海域，相同纬度处的气温和年变幅都基本一致。在中、高纬度海域，北大西洋的气温一般比南大西洋同纬度的气温高出 5～10℃，气温的年变幅也随纬度增高而递增。在南、北纬 30°之间，大西洋东侧的平均气温一般比西侧低 5℃左右。在北纬 30°以北，情况则相反。在北纬 60°附近，东侧比西侧气温约高出 10℃。但在南纬 30°以南，东、西两侧的气温差别不明显。

降水量以赤道地区为最多，年降水量为 1500～2000 毫米；在南、北纬 35°～60°处为 1000～1500 毫米；在南、北纬 15°～35°处为 500～1000 毫米。东部因受高压、离岸信风和寒流的影响，仅 100～250 毫米。南纬 60°以南，年降水量一般只有 100～250 毫米。但在北纬 60°以北，年降水量可达 1000 毫米左右。

大西洋的南、北两端分别有南极低压和冰岛低压；在这两个副极地低压以北和以南为副热带高压区，即南大西洋高压和亚速尔高压；赤道海区则为赤道低压。这种气压带分布的形势，确定了洋面各部分的盛行风系、云量、降水等分布。在两个副热带高压之间，常有吹向赤道低压带的气流，赤道以北形成东北信风，赤道以南为东南信风。它们在赤道附近汇合，产生强烈的上升气流，形成大量的对流性低云和降水。赤道海区风力微弱，有"赤道无风带"之称。副热带高压区是气流下沉区，云量少，降水不多。位于副热带高压与副极地低压之间的中高纬度海区，盛行西风。从低纬吹来的暖湿西风（或西南风）与从高纬吹来的干冷东风（或东北风）在这里相遇，因此西风带是极锋及温带气旋活动频繁的地带，也是大西洋中天气多变、降水较多的海域。在南纬 40°～60°的洋面上，三大洋海域相互连通，风力很强，素有"咆哮西风带"之称。

此外，在加勒比海和墨西哥湾海域，每当夏秋季节有从海洋吹向大陆的季风气流，并形成热带锋面气旋，常有飓风发生。

在大西洋的寒、暖流交汇区（如北大西洋的纽芬兰浅滩和南美洲拉普拉塔河口等）及南大西洋上的"咆哮西风带"，常有浓密的海雾，是世界著名的海上多雾区。非洲西南沿岸海区因常有深层冷水上升，也常形成海雾。在佛得角群岛一带海面，由于东北信风从撒哈拉沙漠吹刮来大量的粉沙，常形成似雾非雾的尘霾。

◆ 水文特征

表层环流

在大气环流直接作用下，南北副热带海区各自形成一个巨大的反气旋型环流系统，北部为顺时针环流，南部为逆时针环流。在赤道和热带海区有一支赤道逆流，流向与南、北信风流相反，从而形成几个不太明显的热带反气旋型和热带气旋型环流。在北大西洋中纬度海区和南大西洋高纬度海区，则各自形成一个完整的副极地气旋型环流。

赤道流系

大西洋赤道流由南、北信风的作用形成，并在赤道两侧自东向西流动，不过它们的位置并不与赤道对称。南赤道流跨越赤道以北，势力较强，北赤道流位置偏北，强度较弱。南赤道流一般流速为 15～50 厘米／秒，最大可达 160～200 厘米／秒。赤道流的厚度约为 200 米，具有高温高盐的特性；同时，由于浮游生物较少，水体水色高，透明度大。

大西洋赤道逆流位于北纬 3°～5° 至 9°～12°。它的范围比太平洋小，有明显的季节变化。在北半球冬季，范围较小，只限于西经

24°以东，夏季范围较大，可扩展到西经50°。流速一般为40～60厘米/秒，最大流速达150厘米/秒，冬季流速较弱。过去一直认为赤道逆流是一支统一的海流，现已查明，它其实是在南、北赤道流之间的一个复杂的海流系统，并且在表层之下伴生有强大的次表层流。赤道流与赤道不对称的事实，显然与这支逆流的存在有关。

西边界流

赤道流到达大洋西部后，大部分沿着大陆的边缘向高纬流去，形成大西洋西部边界流。其中，北赤道流的南支和南赤道流的北支，在加勒比海汇合后进入墨西哥湾，使湾内出现大量的水体堆积，从而形成墨西哥湾流。

与北大西洋湾流相对应的南大西洋的边界流为巴西海流。它沿南美洲巴西海岸向南流去，最远可达南纬35°左右。一般流速为51～102厘米/秒，厚度100～200米。在南、北纬40°附近，由于盛行西风的作用，分别形成南北大致对应的大西洋西风漂流。

西风漂流

分南、北大西洋西风漂流。北大西洋西风漂流即北大西洋海流，是湾流的延续体。

东边界流

西风漂流在北纬50°西经20°附近开始分成3支：一支向东北流到北冰洋；南支沿比斯开湾南下；北支向西北，流到冰岛以南。北大西洋海流表层流速一般为25厘米/秒。由于它的暖水性质，对西欧和北欧的气候影响甚大。在南纬40°～50°一带，南大西洋西风漂流在强烈而稳定的西风作用下，形成环绕三大洋的风漂流，流速一般为15～20厘米/秒。南、北西风漂流在大洋东部，有一部分分别沿大陆西海岸流回低纬区，汇入南、北赤道流，完成南、北大西洋的两个大循环。大西洋东部边界流在北部的叫加那利海流，南部的叫本格拉海流。它们与西部边界流相比，流动缓慢、流幅宽广、厚度较薄。

在上述环流背景下还叠加有许多尺度较小的非稳态环流和大小不一的涡旋。

深层环流

大西洋赤道及其附近区域（大致在南纬7°至北纬7°）的赤道表层流之下，有一强大的自西向东流动的次表层逆流系统。这一逆流系统由3支海流组成，南、北两支分别为大西洋南赤道次表层逆流和北赤道次表层逆流，中间最强大的一支为大西洋赤道潜流。在大洋的表层和深层中普遍存在着水平尺度为100～200千米级的中尺度涡旋，它们主要分布在北大西洋中部海域。在湾流之下，还存在有方向与表层流相反的深层流和近底层流，即深层"逆湾流"。表层环流的辐散区中常伴有显著的上升流。例如，西非沿岸和佛得角群岛附近海区，以及南赤道流和巴西暖流的辐散区，都是大西洋中主要的深层水涌升区域。

水团

大西洋水团有南大西洋中央水、北大西洋中央水、南极中层水、北大西洋中层水、大西洋地中海水、北大西洋深层及底层水、南极绕极深层水和南极底层水。

在南、北大西洋的副热带海区，表层海水辐合下沉形成南大西洋（次表层）中央水和北大西洋（次表层）中央水。这两个水团的主体分别在位于 100～300 米和 100～500 米的水层内向赤道扩展，并与其上下水层相混合而逐渐消失其源地的温、盐特征。

在南纬 60°的极锋区，南极冬季表层水辐合下沉，形成南极中层水，在位于 500～1000 米的深度内向北扩展。可以穿越赤道至北纬 25°附近。在北大西洋也存在一个辐合带（称副北极辐合带），但其界限不甚明显，往往呈不连续的斑块状。在这里下沉的海水形成了北大西洋中层水，其主体在 300～1000 米内向南扩展，与来自南极辐合带的南极中层水相汇。

北大西洋的深层还有一个"外来"水团，源地为欧洲、非洲之间的地中海，故称大西洋深层地中海水。该水团越过直布罗陀海峡的海槛，下沉至 800～1500 米深处，并在北大西洋的中央海区广泛散布。

北大西洋的深层水和底层水，形成于格陵兰岛周围海区，由挪威海的深层水从冰岛—法罗群岛之间，以及格陵兰—冰岛之间越过海槛溢出共同形成。该水团在深、底层向南扩展，因其密度较小，始终叠置在南极底层水之上。在南纬 50°附近的海区中，仍可发现这个水团的踪迹。

在南极海区内，由于盛行西风漂流，其下界可达 3000～4000 米。因此，部分南极底层水可汇入西风漂流下部绕南极大陆流动，并与西风漂流北面的海水混合形成温、盐特征相对均匀的水团，称南极绕极深层水。它在向东运动的过程中逐渐下沉，不断地为印度洋和太平洋提供深层水和底层水。

在高纬度海区、南极大陆架上，特别是在威德尔海中，表层海水由于冷却和结冰，密度增大而不断下沉，到达海底形成范围广大而均匀的南极底层水。这个水团的温度最低可达 -1.95℃，盐度约 34.66。向北可达大西洋的北纬 40°。

大西洋在南、北高纬度区域同时具有形成深层水和底层水的源地，因此它的深层环流和水团散布过程比较发达，各深层的海水都具有较高的更新率。据放射性碳年代测定法分析估计，大西洋底层水的更新周期约为 750 年，相当于太平洋底层水更新周期的一半。

水温和盐度

大西洋表层海水温度的分布与气温分布类似，总的趋势是年平均表层水温自赤道向两极递减。赤道海区，年变幅较小，一般为 1～3℃；副热带和温带，特别在北纬 30°～50° 和南纬 30°～40°，表层水温的年变幅较大，为 5～8℃；高纬度海区，表层水温的年变幅变小，其中近北极海区约 4℃，南极海区约 1℃。受大陆气候或寒、暖流锋面季节性变动影响的局部海区，表层水温的年变幅可达 10℃以上。

受海面蒸发和降水的影响，表层海水的最高盐度出现于降水量较少而蒸发特别强盛的副热带海区。在北纬 20°～30°，特别是亚速尔群岛西南的信风带内，表层盐度的年平均值高达 37.9。南纬 10°～20°的巴西近岸海区，年平均值也可达 37.6。热带海区，降水量大于蒸发量，表层盐度随之下降。赤道海区，降到 35.0 左右。表层环流对盐度分布有明显影响。例如，湾流和北大西洋暖流将盐度约 35.0 的海水向高纬输送，而盐度低于 34.0 的北冰洋表层水却由拉布拉多寒流向南输送到纽芬兰岛附近。因此，北大西洋西侧的表层等盐度线几乎呈南北走向，水平梯度大。反之，在南纬45°以南的西风漂流区，表层海水的等盐度线几乎与纬圈平行。

大西洋深层海水的温度和盐度的变化，具有更明显的纬向分布特征。自200～500米深层往下，所有温度、盐度都随深度的增加而变小，到5000米以下深度水层中几乎呈均匀状态。

海冰和冰山

大西洋的海冰形成于中、高纬度的附属海和近极地海区的冬季。北大西洋只在冬季靠近北美洲拉布拉多半岛边缘，才有海冰形成。在其他季节里，最常见的是格陵兰岛沿岸的山谷冰川滑入海中，然后随东格陵兰寒流和拉布拉多寒流南下的漂浮冰山。漂移范围常可达北纬40°附近，对北大西洋航线上的航运造成威胁。南大西洋的海冰形成于南极大陆近岸海区，而南极大陆，特别是威德尔海陆架上的陆缘冰，则是南大西洋冰山的发源地。南纬55°以南海面，全年都有浮冰和冰山，9～10月，冰山可漂到南纬40°～35°附近。

潮汐

大西洋的潮汐多属半日潮。半日潮的主要分潮的无潮点，分别位于冰岛东南和西南偏南、新斯科舍半岛西部、墨西哥湾、加勒比海、南美洲东南近岸和布韦岛附近等处。在这些点附近，振幅最小；而在巴芬湾、英吉利海峡、非洲西北岸、加勒比海南岸、南美洲东北岸和东南岸等处，振幅最大。西欧沿岸为正规的半日潮，美洲中部东侧的加勒比海沿岸大部分为不正规半日潮，有的地方为不正规日潮；墨西哥湾沿岸，除东部为不正规半日潮外，其余均为正规日潮或不正规日潮。全日潮的主要分潮的无潮点，分别位于新斯科舍半岛南部、亚速尔群岛西南、几内亚湾西南、火地岛北部近岸、非洲南部等地。在这些点附近，振幅最小；而在北美东岸、墨西哥湾东岸和火地岛北部沿岸振幅最大。

开阔大洋中的潮汐现象并不明显，潮差一般不到 1 米；但在近岸海区，特别是在狭窄的海湾或喇叭形河口区域，潮差就大得多。南美洲巴塔哥尼亚的格兰德湾平均潮差为 9.74 米；欧洲布列塔尼半岛的圣马洛湾为 10.58 米；英国南岸的布里斯托尔湾达 11.47 米；北美大陆和新斯科舍半岛之间的芬迪湾潮差最大，湾内的最大潮差可达 21 米。河口潮汐也比较显著。英国泰晤士河口的潮差约 6.3 米；南美洲亚马孙河口涨潮时潮水上溯而形成的涌潮，其壮观景象与中国钱塘江涌潮类似。此外，在一些狭窄的水道、海峡和峡湾区，潮汐涨落常会产生很强的潮流。例如，在挪威萨尔登峡湾和西尔斯达德峡湾间的海峡即以强流著称，这里朔望大潮时的平均流速可高达 8 米 / 秒。

◆ **生物和矿产**

生物

海洋底栖植物一般仅限于水深浅于 100 米的近岸海区，其面积约占洋底总面积的 2%，以褐藻门、绿藻门和红藻门的一些种属，以及咸水显花植物为多见。在高纬度海区，沿岸带底栖植物贫乏。在中纬度海区，底栖植物十分繁茂。沿岸带以褐藻类为主，在软泥沉积上还生长有相当数量的蓝藻。南大西洋的中、高纬度海区，底栖植物以褐藻类（特别是昆布属）最为丰富。热带海区水温甚高，底栖植物比较贫乏。此外，在北大西洋中部的马尾藻海，生有茂密的漂浮性褐藻——马尾藻。浮游植物计有 240 多种，以硅藻、甲藻等占优势。在南、北大西洋的中纬度海区，硅藻数量最多，尤以西风漂流区最为集中。

动物种类组成以热带区最为多样，生物量则以中纬度区、近极地区和近岸区较高。在中、高纬度海区，哺乳动物以鲸和鳍脚目为主，鱼类则主要以鲱、鳕、鲈、鲽科为多见，浮游动物的优势种属有桡足目浮游甲壳动物和相当数量的翼足类软体动物。温带海区主要有海豹、鲸、鲱、沙丁鱼、鳀鱼，以及多种无脊椎动物。在热带海区中，代表性动物有抹香鲸、海龟、飞鱼、鲨、珊瑚虫、钵水母、管水母和放射虫等种属。在北大西洋中部的马尾藻海，有许多栖息在海藻中的游泳和固着动物，现已发现有 50 余种鱼类和其他动物，如刺鲀、飞鱼、剑鱼、旗鱼、海龙、海马、鳀鱼、金枪鱼、海鞘、海葵，还有一些苔藓动物。马尾藻海区还是欧洲和美洲鳗鱼的产卵场所。大西洋高纬度冷水区域（特别是南极海域）还生长有磷虾。大西洋的深海中，广泛分布有甲壳动物、棘皮动物、海绵动物、水螅和一些很特殊的深海鱼类。此外，在波多黎各海沟深部发现有一些特殊的环节动物和管海参；在罗曼什断裂带的深槽中还发现有若干种前所未知的植食性小型软体动物。

大西洋生物资源开发很早，渔获量曾占世界大洋的首位，现在每年的渔获量占世界海洋渔获总量的 40%。就单位面积产量而论，仍然高于其他大洋。主要渔场有：大西洋东北海域，即北海、挪威海、冰岛周围，年捕鱼量占大西洋捕鱼量的 45% 左右；大西洋西北部海域，约占总捕鱼量的 20%。此外，地中海、黑海、加勒比海、比斯开湾和安哥拉纳米比亚沿海也是较重要的渔场。

大西洋海域的经济鱼类主要有鲱鱼、北鳕鱼、毛鳞鱼、长尾鳕鱼、比目鱼、金枪鱼、鲑鱼、马舌鲽鱼、海鲈鱼等。它们主要分布在陆架区。欧洲西部和北美洲沿海区盛产牡蛎、贻贝、扇贝、螯虾和蟹类，以及多种食用藻类。南极大陆附近海区盛产鲸和海豹（由于一些国家滥捕，已大量减少几近绝迹），磷虾已逐步开发。

矿产

石油、天然气、煤、铁、硫、重砂矿和锰结核等是大西洋主要的矿产资源。加勒比海、墨西哥湾、北海、几内亚湾是世界著名的海底油田和天然气田分布区。

英国、加拿大、西班牙、土耳其、保加利亚、意大利等国沿海海底都发现有煤的储藏。纽芬兰岛的大陆架海底和法国诺曼底海岸外都发现有丰富的铁矿。重砂矿分布比较广泛。巴西对含有独居石、钛铁矿和锆石的重砂矿，美国对佛罗里达东海岸的锆石和金红石等都已开采。南起开普敦、北至沃尔维斯湾约1600多千米的海底沙砾层，是世界著名的海洋金刚石产地。在几内亚湾和巴西两大陆架区金刚石也有发现。

锰结核是目前尚未开发的一种矿物资源，大西洋底总储量估计为1万亿吨左右，主要分布在北美海盆和阿根廷海盆底部。此外，在开普海盆、巴西海盆和西欧海盆，波罗的海、北海、黑海及北美五大湖底都有发现。

◆ **交通运输**

大西洋是世界航运最发达的大洋，东、西分别经苏伊士运河及巴拿马运河沟通印度洋和太平洋。全年海轮均可通航，海运量占世界海运量的一半以上，并拥有世界海港总数的3/4。主要航线有欧洲与北美洲的北大西洋航线，欧、亚、大洋洲之间的远东航线，欧洲与墨西哥湾和加勒比海之间的中大西洋航线，欧洲与南美洲大西洋沿岸之间的南大西洋航线，从西欧沿非洲大西洋岸到开普敦的航线。

阿尔沃兰海

阿尔沃兰海是地中海内最西部的海，位于伊比利亚半岛和非洲北部之间，北部是西班牙，南部是摩洛哥和阿尔及利亚。平均深度为 445 米，最大深度为 1500 米。东西长约 370 千米，南北宽约 170 千米，面积约 6 万平方千米。西端是直布罗陀海峡，将地中海与大西洋相连。直布罗陀弧形山脉环绕着阿尔沃兰海的北部、西部和南部。

阿尔沃兰地区、海底及周围山脉主要由大陆地壳组成，海域内部由晚古生代至三叠纪的岩石构成。这些岩石在第三纪堆积，并且自早中新世以来一直向外延伸。海底形态复杂，包括 3 个主要的盆地：西、东和南阿尔沃兰盆地，另外还有山脊和海山等。岛屿有阿尔沃兰岛、查法里纳斯群岛、胡塞马群岛和戈梅拉岛等。阿尔沃兰海最突出的结构是 180 千米长的山脊，山脊从阿尔沃兰岛向西南方向延伸。

阿尔沃兰海的表面洋流受到盛行风的影响，向东流动，将大西洋的海水带入地中海，更深的水流则向西流动，将盐度较高的地中海水带入直布罗陀山谷，进入大西洋。由于这种海水交换，阿尔沃兰海中通常存在垂直旋转循环，也称为旋涡。阿尔沃兰海是海洋和海洋之间的过渡区，也是地中海和大西洋物种的混合过渡区。这里是地中海西部大量宽吻海豚的栖息地，也是最大物群鼠海豚在西地中海的庇护所，还是蠵海龟在欧洲最重要的觅食地。这一海域的主要经济鱼类包括沙丁鱼和剑鱼，附近主要港口有西班牙的马拉加、阿尔梅里亚，以及摩洛哥的得土安、梅利利亚和阿尔及利亚的奥兰（又称瓦赫兰）。

爱尔兰海

　　爱尔兰海是北大西洋的边缘海，位于爱尔兰岛和大不列颠岛之间。南北分别经圣乔治海峡和北海峡与大西洋相通。长 210 千米，最宽处 240 千米，面积约 10 万平方千米。平均水深 61 米，最深 272 米，盐度 32 ～ 34.8。有马恩岛和安格尔西岛两大岛屿。海底多砾石。半日型潮。潮流时速在圣乔治海峡达 4 海里以上，中西部流速较小；东部英格兰西北海岸潮差可达 8.4 米。盛产鲱鱼和鳕鱼。马恩岛和布莱克浦为著名海滨疗养地。重要海港有利物浦、都柏林等。

爱尔兰海落日景色

爱琴海

　　爱琴海是地中海东部海域，位于希腊半岛和小亚细亚半岛（土耳其）之间，东北经达达尼尔海峡、马尔马拉海、博斯普鲁斯海峡与黑海相连，南至克里特岛。南北长 600 多千米，东西宽约 300 千米，面积 21.4 万平方千米。平均深度 570 米，最深处在克里特岛以东，达 3543 米。属典型的地中海气候，夏季炎热干燥，冬季温和多雨，气温季节变化不大。表层海水夏温 24～25℃，冬温 10～11℃；盐度 36～39。产沙丁鱼和海绵，渔业和旅游业较兴盛。大小岛屿星罗棋布，有"群岛海"之称，包括南斯波拉泽斯群岛、基克拉泽斯群岛和北斯波拉泽斯群岛及莱斯沃斯岛、埃维亚岛、克里特岛等。绝大部分岛屿属希腊。克里特岛是古希腊爱琴文明的发源地之一。沿海主要港口有希腊的比雷埃夫斯、塞萨洛尼基和土耳其的伊兹密尔等。

拜伦湾

拜伦湾是位于澳大利亚新南威尔士州的东北角、悉尼以北 772 千米和布里斯班以南 165 千米的海湾。

1770 年，英国航海家和探险家 J. 库克中尉发现了一个安全的锚地，并以他的水手同伴 J. 拜伦的名字为拜伦角命名。拜伦角是澳大利亚大陆最东端，之后附近的海湾和小镇均沿用此名。海湾地区属于亚热带湿润气候，夏季温暖，冬季温和。冬季的日最高气温通常达 19.4℃，最低气温为 12℃。夏季平均气温 27℃，晚间潮湿。拜伦湾是古盾状火山特威德火山侵蚀破火山口的一部分，这一火山于大约 2300 万年前爆发过，是印度－澳大利亚板块在东澳大利亚热点地区移动的结果。

拜伦湾早期的工业主要是伐木业，树种是雪松，其次是海滩上的金矿开采业。现在，拜伦湾以休闲旅游而闻名，尤其是一望无垠的海滩和安全的冲浪点，深受冲浪者和跳伞者的欢迎，同时还吸引了很多游客前来体验冥想、漫步及游泳。此外，这里还是音乐爱好者心中的圣地。每年复活节长周末（3月或4月）举行的拜伦湾蓝调音乐节，吸引着全球200余名音乐家前来表演。

北　海

北海是大西洋东北部边缘海，位于欧洲大陆与大不列颠岛之间。西临英格兰和苏格兰，东接挪威、丹麦、德国、荷兰、比利时和法国，并有斯卡格拉克海峡和卡特加特海峡与波罗的海相通。南有多佛尔海峡和英吉利海峡与大西洋相接。北达设得兰群岛以东的北纬61°线。海区最长约1126千米，最宽676千米，总面积约57.5万平方千米。平均水深94米，最大水深725米。

◆ 地质地形

约在250万年前，现在北海海盆南部的多格浅滩，曾是欧洲大陆的一部分。那时，莱茵河与泰晤士河相连接，约于现在伦敦北面460千米处入海。在200万年到6000年前，经冰川多次进退。现在的北海轮廓约在3000年前形成。北部海岸崎岖，南部为规则的低平海岸。东部和西部海岸比较复杂，有峭崖陡壁、岛屿林立的峡湾海岸、岩性坚硬的高地海岸、平直的沙质海岸等。

整个北海都位于西欧大陆架上，大部海区浅于100米，是世界著名的浅海之一。南部水深浅于40米。英格兰北面外海有大冰碛构成的多格浅滩，面积达650平方千米，水深仅17～33米。挪威南岸和比利时北岸之间为挪威海槽，平行于岸线，宽28～37千米，水深在200～800米。此外，北海西部还有几个海槽，如500多米深的德弗尔斯海穴，106 米深的锡尔弗海穴等，均系冰川最后退出时，大陆河流对海床冲刷侵蚀而成的。海底沉积物厚达 10～15 千米，大部为砂泥质，还有碎石、砾石和卵石。

◆ 气候

北海属于温带气候。月平均气温 2 月为 0～5℃，8 月为 15～17℃，冬季气温有时可降到 -23℃。年降水量北部多于南部，分别为 1000 毫米和 600～700 毫米。冬季（11 月至次年 3 月）多风暴，尤其在东部海区，气旋频繁发生。荷兰、丹麦、比利时和英国等沿海国家，易受风暴潮袭击。风暴期间，北部风浪高达 8～10 米，南部也达 6～7 米，苏格兰东岸最大涌浪可达 10.7 米。

◆ 水文特征

近表层海流呈气旋式运动，底层不规则。在设得兰群岛附近流速较强，中部较弱，一般不超过 35 厘米 / 秒。潮流较强，开阔海区流速为 1～1.5 米 / 秒，多佛尔海峡为 2.5 米 / 秒，设得兰群岛附近可达 5 米 / 秒。潮汐以半日潮为主。西南部沿岸潮差较大，多佛尔海峡附近的英国东岸潮差可达 7 米，北部挪威沿岸潮差较小，不到 1 米。

表层水温 2 月最低，8 月最高。冬季，西北较高，为 7.5℃，东南较低，为 2℃。夏季反之，西北为 13℃，东南为 18℃。底层水温 3 月最低，为 3～7℃。6 月，只在挪威的东南和南方外海出现温跃层，强度为每米 0.2℃；7～8 月，在北部和中部的广大海区 30～40 米层出现温跃层，强度最大，为每米 0.7℃。由于西部有大西洋水的流入，东部有波罗的海水和径流的流入，盐度分布东低西高，东部为 29.0～32.0，西部为

34.7 ～ 35.3。西部因受大西洋较暖高盐水的影响，很少结冰。东部和南部沿岸，12月至次年3月普遍被冰覆盖。

◆ **生物和矿产**

北海是世界上初级生产力最高、渔业最发达的海区之一。约有300种植物和1500多种动物。常见的植物有硅藻、甲藻、褐藻、绿藻等。动物有甲壳类（约600种）、蠕虫动物、软体动物（约300种）、刺胞动物及鱼类（约100多种）。主要鱼类有海鲽、鳕、黑线鳕、绿鳕、鲭、鲱、黍鲱、鲨鱼和鳐类。

北海海底蕴藏着丰富的石油和天然气。自1959年在北海发现油气资源以来，在苏格兰、挪威、荷兰、丹麦和联邦德国近海都发现了油田。1969年又在挪威以南发现了埃科菲斯克大油田。至20世纪90年代，在北海共找到400多个油气田，累计找到可采石油储量47亿吨。2004年，北海地区产油2.64亿吨，占全球7.4%；产天然气2884.9亿立方米，占全球10.8%。剩余石油可采储量20.1亿吨，剩余天然气可采储量4.8万亿立方米。2010年以来，受油田日趋老化以及新油田发现减少的影响，北海石油产量逐年下降。如2014年北海英国海域的油气产量较上年下降1.1%，这一水平较1999年触及的北海油气产量峰值减少了70%左右。

比斯开湾

比斯开湾是北大西洋东北部的大海湾，位于欧洲伊比利亚半岛和法国布列塔尼半岛之间，东岸和南岸分别为法国和西班牙。略呈三角形，面积22.3万平方千米。东北浅，西南深，平均深度1715米，最深处

5120米。盐度35。受北大西洋环流影响，湾内海流也作顺时针方向流动。以多风暴著称。猛烈的西北风激起巨浪，对航行不利。南岸和东北岸为陡峭的岩岸，东南岸为低平的沙岸，多潟湖。卢瓦尔河、加龙河、阿杜尔河等从东岸注入海湾。沿海地带具有冬暖夏凉的海洋性气候。渔业资源丰富，盛产沙丁鱼、鳕鱼等，沿法国海岸多牡蛎养殖场。沿岸主要港口有法国的布雷斯特、南特、拉罗谢尔、波尔多和西班牙的多诺斯蒂亚（圣塞瓦斯蒂安）、毕尔巴鄂、桑坦德等。度假胜地如拉博勒、比亚里茨、圣让－德吕兹皆在法国境内。

波的尼亚湾

波的尼亚湾是波罗的海北部海湾，西岸依瑞典，东岸为芬兰。面积约11.7万平方千米。南北长约724千米，东西宽80～240千米。南部湾口处的奥兰群岛被看作是波的尼亚湾与波罗的海的天然分界线。平均深度约60米，最深处295米。有翁厄曼河、于默河、吕勒河、托尔尼奥河、凯米河和奥卢河等多条河流注入，降低了湾内海水浓度，使其含盐度极低，仅2左右。冬季封冻期长达5个月。湾内多小岛，不利航行。主要港口有芬兰的波里、瓦萨和奥卢，瑞典的吕勒奥、于默奥、海讷桑德、松兹瓦尔和耶夫勒。附近森林资源丰富，海湾沿

波的尼亚湾景色

岸多锯木厂。

波罗的海

波罗的海是欧洲北部内海，是世界海水含盐度最低的海。四面几乎均为陆地环抱，仅西部通过厄勒海峡、卡特加特海峡和斯卡格拉克海峡等与北海相通。面积42.2万平方千米（包括卡特加特海峡）。海域中主要有博思霍尔姆岛、哥得兰岛、厄兰岛、萨雷马岛、奥兰群岛等，以及深入陆地的波的尼亚湾、

波罗的海海滩景色

芬兰湾。周围国家有芬兰、瑞典、丹麦、德国、波兰、俄罗斯、立陶宛、拉脱维亚和爱沙尼亚。

波罗的海是最后一次冰期结束，冰川大量融化后形成的。海水浅，平均深度仅86米；最深处在瑞典东南海岸和哥得兰岛之间，深为459米。总储水量2.3万立方千米。波罗的海与外海海水交换不大，又有维斯瓦河、奥得河等大小250条河流注入，这些河流占欧洲地面总径流量的1/5，流域总面积为波罗的海面积的4倍。加之气候寒冷，蒸发微弱，因而成为世界上含盐度最低的海，平均含盐量仅为大西洋的1/3。海水含盐度自出口处向海内逐渐减少，大、小贝尔特海峡海水含盐度15，

默恩岛以东降至 8，芬兰湾为 6，波的尼亚湾北端仅 2～3。波罗的海海水一般由厄勒海峡流出。外海海水从大贝尔特海峡流入，先沿南岸向东流，再沿东岸向北流，形成逆时针方向海流。波罗的海深层海水盐度较高，是由于含盐度较高的北海海水流入所致。

波罗的海位于北纬 54°～65.5°，水温自北向南升高。8 月表层水温介于 9～20℃，2 月 0～2℃。由于海水浅而淡，冬季易结冰，波的尼亚湾冰封期达 5 个月，芬兰湾和斯德哥尔摩附近 3～4 个月，波兰、德国沿岸 1 个多月，瑞典和丹麦之间的海峡也有冰封。受地形阻隔，强烈的北海潮汐不能达到波罗的海，因而缺少潮流，潮波也很小。但水面却深受风暴影响。强烈的东北风导致南海岸高浪，促成了沿海高水位；而西南风有助于沿德国和波兰海岸的沙丘堆积，同时使波罗的海北部海岸水位高涨。因此，即使在通航期，船只航行仍较危险。

波罗的海是北欧重要的航道，除有多条天然海峡与外海相通外，还有数条人工水路与附近地区相连。其中有基尔运河与北海相连，有运河与白海相通，也有水路和伏尔加河相连。沿岸较大港口有斯德哥尔摩、哥本哈根、罗斯托克、什切青、格但斯克、里加、圣彼得堡和赫尔辛基等。

布兰卡湾

布兰卡湾是位于阿根廷东南沿海，距布宜诺斯艾利斯港 900 千米，濒临大西洋西南侧的海湾。地理坐标为南纬 38°47′，西经 62°16′。属于亚热带季风气候，盛行西风和西北风。布兰卡湾海岸边有温暖的浅层水流，平均潮差为 1.9 米。春、秋季白天温和，夜晚凉爽，夏季平均气温为 31℃。冬季多云潮湿，湿度高于夏季。冬季白天气温较低，夜晚较冷，平均气温为 8℃。虽然降雪很少，但气温可以降到 0℃ 以下。平均每年 35 天有霜冻，大部分发生在 6 ～ 8 月。年均降水量约为 645.4 毫米，大部分集中在夏季，并伴有雷暴天气。但降水量年变化很大，部分年份的降水量超过 1000 毫米。每年 7 ～ 8 月为旱季。全年风力中等，平均风速为 24 千米 / 时。平均每年有 2310.7 小时的光照，从 1 月份 67% 的最高值到 7 月份 36% 的最低值。

布兰卡湾在西班牙语里的意思是"白湾"，因覆盖在海岸周围土壤上的盐的颜色而得名。湾内的布兰卡港是阿根廷最大的小麦输出港，始建于 1828 年，伴随 19 世纪农牧业的兴起得到发展。布兰卡港沿码头有双轨线路，可直接装卸货物，年货物吞吐能力约 2000 万吨。虽然天然海港只有 10 米深，但通过定期维护，主航道的水深可以保持在 12 米左右。这里已发展成为阿根廷南部的海运中心、铁路枢纽，同时也是这一地区重要的转运和商业中心。布兰卡港主要用于处理布宜诺斯艾利斯省南部地区谷物和羊毛、纽奎恩省石油和里奥内格罗山谷水果的大规模出口贸易。此外，这一地区也有通往内乌肯及里瓦达维亚的油气管道。

长　湾

长湾是美国南卡罗来纳州大西洋上的海滩弧，从美国南卡罗来纳州滨海地区的东北部向西南延伸到温约湾，总长近 100 千米。属于湿润的亚热带海洋性气候，受大西洋影响很大，冬季凉爽，夏季炎热潮湿。全年雨量充沛，但大部分集中在夏季，夏季每天的降水概率至少为 30%，且极易受雷暴、冰雹、龙卷风的影响，但这些天气状况持续时间通常较为短暂。降雪在这一地区极为罕见，仅偶尔发生。长湾地区现已成为美国东南沿海的主要旅游景点，拥有众多酒店、高尔夫度假村和娱乐中心。经济以旅游业为主，每年接待超过 1400 万游客。这一地区的大海滨是一系列旅游景点的所在地，春夏季节接待大量游客，旅游业每年带来数百万美元的收入。高尔夫行业也是长湾地区的重要行业之一，在长湾海滩及其周围有 100 余个高尔夫球场，可以举办各种会议、活动和音乐会。其他景点设施还包括游乐园、水族馆、剧院、零售、海鲜餐厅和购物中心。此外，还设有晚餐剧院、夜总会和许多旅游商店。其中，默特尔海滩州立公园成立于 1935 年，拥有不到 1 英里的大海滨海滩，是游泳、徒步旅行、骑自行车和钓鱼的最佳地点。默特尔海滩会议中心是一个大型设施，每年都会举办一系列不同的会议、展览和特别活动。

达连湾

达连湾是位于加勒比海最南部，长约 235 千米，呈倒三角形，最南端介于哥伦比亚领土卡里瓦纳角与蒂布龙角之间，称为乌拉瓦湾。沿岸多红树林。有阿特拉托河注入湾内。在巴拿马海岸有 17 世纪苏格兰殖民地遗址、沉船等。

地中海

地中海是大西洋属海，是世界第二大陆间海。位于欧、亚、非三洲之间，西出直布罗陀海峡通大西洋，东南经苏伊士运河出红海入印度洋，东北经达达尼尔海峡、马尔马拉海、博斯普鲁斯海峡与黑海相通。东西长约4000千米，南北最宽处1800千米，面积251万平方千米。海岸线长约22530千米。

地中海被半岛、岛屿和海岭分隔，形成许多大小不等的海和海盆。一般以亚平宁半岛、西西里岛至突尼斯的海岭（深366米）一线为界，分地中海为东、西两大部分。西地中海有3个被海岭和岛屿隔开的海盆，自西向东分别为阿尔沃兰海盆、阿尔及利亚海盆（巴利阿里海）和第勒尼安海盆。东地中海有伊奥尼亚海盆（其北为亚得里亚海）和黎凡特海盆（其西北为爱琴海）。地中海平均水深约1500米，最深点在希腊南面的伊奥尼亚海盆，为5121米。海底扩张和板块构造学说认为，地中海是地质时代环绕东半球的特提斯海（又称古地中海）的残存水域。从中生代开始，特提斯海北方的欧亚板块与南方的非洲、阿拉伯、印度等板块相向运动，使海域范围逐步缩小。现在的地中海则是中生代到新生代渐新世间，欧亚板块与非洲板块相向运动、碰撞的产物，意大利南部和爱琴海一带至今多火山、地震活动。

地中海海域为典型的地中海型气候。夏季受副热带高压控制，炎热干燥；冬季处于气旋活动频繁的西风带中，温和湿润。东地中海位置比西地中海偏南6°，表层平均水温高于西地中海。最高水温出现在南部利比亚海岸的苏尔特湾（锡德拉湾）和东部土耳其海岸的伊斯肯德伦湾，8月平均气温分别为31℃和30℃。最低水温在亚得里亚海北端里雅斯特湾，2月平均气温5.2℃。年降水量由西北（1100毫米）向东南（250

毫米）减少。冬暖夏热，蒸发旺盛，海面年蒸发量1250毫米。周围海岸多山和荒漠，注入大河较少。蒸发量远大于降水量和径流量之和，导致海水含盐度增大，水位下降，引起大西洋和黑海表层水流入，地中海深层水流出。地中海表层海水含盐度在36.5～39.5，东地中海含盐度高于西地中海。地中海水面保持相对稳定，其海水补给来源5%为四周河水流入，21%为降水，其余71%和3%分别为地中海与大西洋、黑海之间的水体交换。从大西洋经直布罗陀海峡流入的表层水，平均流量达175万米^3/秒；在离海面125米的深处，地中海水流入大西洋，平均流量168万米^3/秒。两者差额成为地中海水的主要补给来源。潮汐为正规或不正规半日潮。因地中海的封闭性，大部分地区潮差不大，且自西向东减小。潮差一般在0.7米以下；最大潮差出现在突尼斯东岸，达1.7米。海水中磷酸盐、硝酸盐含量不足，限制了海洋生物生长。鱼类共有400多种，但数量不大，没有大量鱼群集中的渔场。

地中海是沟通大西洋和印度洋的航运要道，是欧美国家取得西亚、北非石油的必经通道，战略地位重要。沿岸主要港口有直布罗陀（英占）、巴塞罗那（西班牙）、马赛（法国）、热那亚和那波利（意大利）、里耶卡（克罗地亚）、瓦莱塔（马耳他）、伊兹密尔（土耳其）、贝鲁特（黎巴嫩）、亚历山大（埃及）、的黎波里（利比亚）、

加沙城的地中海边

阿尔及尔（阿尔及利亚）等。

第勒尼安海

第勒尼安海是地中海中北部海域，位于亚平宁半岛、西西里岛、撒丁岛、科西嘉岛之间。北部通过托斯卡诺群岛和科西嘉海峡与利古里亚海相连，东南经墨西拿海峡通往伊奥尼亚海，西南接地中海。面积 24 万平方千米。平均深度为 1310 米，中部最深处 3785 米。盐度 38。盛产沙丁鱼、鳗鱼、旗鱼等。沿海主要海湾有加埃塔湾、

意大利西岸的第勒尼安海风光

那波利湾、萨莱诺湾以及撒丁岛东南的卡利亚里湾等。主要港口有意大利的那波利（那不勒斯）、巴勒莫等。

芬兰湾

芬兰湾是波罗的海向东伸出的狭长海湾，北部为芬兰，南为爱沙尼亚；海湾东端呈锥形，最东面尖端直抵俄罗斯的圣彼得堡。东西长 420 千米，南北宽约 130 千米，东部锥形狭窄处宽约 19 千米。面积 3 万平方千米。最深处位于西端，达 115 米。海水含盐量低，为 6。冬季封冻 3～5 个月。湾内有许多岛屿，主要位于芬兰海岸附近，其中较大者有戈格兰岛（苏尔萨里岛）、拉万萨里岛（莫希内岛）和科特林

岛（喀琅施塔得岛）。有涅瓦河、纳尔瓦河和塞马运河注入。通过涅瓦河与新拉多加运河连接东面的拉多加湖和奥涅加湖，通过伏尔加河—波罗的海航道和伏尔加河—顿河运河与里海和黑海相连，通过南部的纳尔瓦河连接楚德湖。主要港口有芬兰的波卡拉、赫尔辛基和科特卡，爱沙尼亚的塔林，俄罗斯的维堡、圣彼得堡等。湾中沙坝、岩礁和冬季冰封造成航行困难。

佛罗里达湾

佛罗里达湾是佛罗里达半岛南端（佛罗里达大沼泽地）和美国佛罗里达群岛之间的海湾。

佛罗里达湾是一个大而浅的河口，虽然连接墨西哥湾，但由于浅滩覆盖海草，水的交换有限。河岸把海湾分成多个盆地，每个盆地都有各自独特的物理特征。几乎所有的佛罗里达湾都包含在大沼泽地国家公园内，约占整个公园面积的1/3。公园为许多鸟类和爬行动物提供了栖息地，于1979年被列入《世界遗产名录》。沿佛罗里达群岛的南部边缘是位于佛罗里达群岛的美国国家海洋保护区。

佛罗里达湾从鲨鱼河斯劳和泰勒斯劳两个主要流域盆地获得淡水，这些流域提供的清洁淡水对于佛罗里达湾保持水位和防止盐度过高至关重要。与历史上的流域排水条件相比，海湾从泥沼中获得的淡水已显著变少。从20世纪80年代末开始，佛罗里达湾经历了一系列生态变化，严重改变了当地的生态系统。为了支持农业用水需求（主要是含糖类作物的种植），水域被重新规划，不再流入海湾，这造成了本地野生动物的消失和许多严重的环境问题。

福克斯湾

福克斯湾是位于加拿大东北部，被巴芬岛、梅尔维尔半岛和南安普顿岛包围，南部通过福克斯海峡与哈得孙湾相连的海湾。海湾大部分位于北纬65°～70°，气候严寒，水温较低。海湾宽阔，水深一般小于100米。在南部，深度可达400米。潮汐范围从东南部的5米减小到西北部的1米以下。海湾里最大的岛屿是位于东北部的查尔斯王子岛。福克斯湾是加拿大北极圈鲜为人知的地区之一，事实证明这一地区生物丰富多样。众多海豹和海象在此生活，同时这里也是几种鲸鱼的避暑地和北极熊的重要活动场所。这里的成年北极熊，公熊体重超过500千克，身体全长超过2米，有北美和欧洲各地中最大的北极熊种群。这一地区也是海鸥、黑海雀、北极燕鸥等众多鸟类的栖息地。

瓜纳巴拉湾

瓜纳巴拉湾是巴西东南部里约热内卢州的大西洋海湾。海湾西南岸是里约热内卢，东南岸是尼泰罗伊。瓜纳巴拉湾是巴西面积第二大的海湾（仅次于万圣湾），面积412平方千米，周长143千米。长约31千米，最大宽度29千米，入口处宽约1.61千米。1502年被发现，原名为里约热内卢湾。湾内有130余个岛屿，包括戈韦纳多岛、帕克塔岛和维莱加伊格农岛等。里约热内卢和尼泰罗伊之间由里约-尼泰罗伊大桥连接，来往的船只有定期的渡轮航线。里约热内卢港口以及

瓜纳巴拉湾日出景象

该市的两个机场都位于瓜纳巴拉湾海岸上。

瓜纳巴拉湾是曾经是世界上著名的旅游胜地，拥有丰富多样的生态系统。但受城市化、森林砍伐和污水、垃圾及石油泄漏等影响，海洋生态系统遭到了严重破坏，附近生物大面积死亡，特别是红树林受到严重影响。严重的环境污染给海湾带来很大的负面影响，需要加大治理力度，才能实现城市发展与自然环境的和谐。

关塔那摩湾

关塔那摩湾是加勒比海深入古巴岛东南部的海湾，位于古巴岛东南部关塔那摩省首府关塔那摩市以南20千米处，是世界上最大、屏障最佳的海湾之一，可供巨轮出入。海湾长18千米，宽9.2千米，出海口是一条狭窄的水道，扼大西洋进入加勒比海主要通道之一的向风海峡的西南，战略地位重要。港湾呈葫芦形，口朝南，宽约3千米。年平均气温25℃，附近平均年降水量不足600毫米，为古巴全国降水最少的地方之一。1903年美国迫使古巴签订"煤站及海军基地协议"，租让关塔那摩湾部分地区（占地面积共117.6平方千米）建立海军基地。1959年古巴革命胜利后，政府多次要求美国归还基地，至今仍被美国占领。湾畔有凯马内拉和博克龙两个主要港口。

黑　海

黑海是欧洲大陆东南部与小亚细亚半岛之间的内陆海，因水色深暗且多风暴而得名。西南经博斯普鲁斯海峡（最深为27.5米）、马尔马拉海、达达尼尔海峡通爱琴海和地中海，东北经狭窄的刻赤海峡（深仅5米）与亚速海相连。北岸因有克里木半岛伸入，海区中部窄而两头略宽。东西最长1130千米，南北最宽611千米。岸线全长4090千米，总面积约42.2万平方千米。平均水深1315米，最大水深2210米。

◆ 地质地形

黑海东岸和南岸被山脉包围；西岸岸线平直少洼地，分布有多瑙河河口三角洲；北岸低洼而曲折，被许多沟壑河谷所切割，仅在克里木半岛南岸为悬崖峭壁。海底地形由四周向中部下倾，各等深线可组成很不对称的同心环形圈。大陆架可以100～110米等深线为边缘，面积约占黑海总面积的1/4，西部和北部较宽阔。中部为平坦的深海盆，水深略大于2200米，约占总面积的1/3。深轴线偏于土耳其近岸。

黑海是2.5亿年至6000万年前（或4000万年前）古地中海海盆的残留海盆。古新世末期，小亚细亚发生构造隆起时，黑海才与地中海分开，逐渐成为内陆海。直至2500万年前的中新世，黑海的水还与里海相连，此后才逐渐分开。随着地壳运动和历次冰期、间冰期来临，黑海与地中海之间，也多次隔绝又复相连。现在与地中海相连，是在8000～6000年前末次大冰期后形成的。海底底质陆架区近岸一侧为砂质陆源物质，向外海一侧为介壳石灰岩；深海盆底部多钙质软泥，并带有硫化亚铁沉积。

◆ 气候

夏凉秋暖，全年温和。冬季，北部和西北部海区月平均气温为-3℃，克里木半岛南岸近海为3℃，东南海区为6℃。夏季，全海区气温差别不大，为23～24℃。黑海平均每年有180多天受极地冷空气的入侵和影响，盛行东北大风，降温剧烈，多雨；有近90天受来自地中海热带空气的影响，比较温湿。有时受东欧天气系统的影响，常有暴雨和风暴。新俄罗斯布拉风是黑海独有的气候特点，积聚在近海山顶上的冷空气急速吹向海面，形成风速达20～40米/秒的强风，这种风可持续一个星期之久。年降水量西部、西北部300～500毫米，南部750～800毫米，东部1800～2500毫米。

◆ 水文特征

表层流为沿海岸的气旋型环流。流速为20～40厘米/秒，主流中心可达40～70厘米/秒。受黑海中部较窄地形影响，东、西海区各形成一个气旋型环流。300米深处的流速可达20～30厘米/秒。黑海与外海的水交换主要通过博斯普鲁斯海峡。黑海上层水经该海峡流出的年总流量可达398立方千米，而从马尔马拉海流入黑海的深层水，年总流量仅193立方千米。周围有多瑙河、第聂伯河、德涅斯特河等淡水注入黑海，径流总量每年约355立方千米。上层水淡而轻，浮置于深层高盐水之上，使海水层化，限制了深层水的垂直对流，造成深层水缺氧。黑海海水从底层到表层循环一周约需130年。

黑海水团有表层水和深层水两类。0～75（或100）米层为表层水，主要特征是盐度低，温度的年较差大：2 月最低，近岸为 0.5 ～ 1.0℃，外海为 7 ～ 8℃，东南海区为 8.5℃。夏季，水温达 25 ～ 26℃。盐度一般为 18.5。含氧量较高，碳酸盐的含量较大。水温的垂直结构较为特殊，从 0 ～ 60（或 75）米，温度随深度略有降低，此后则随深度缓慢增加，这是海底加热的结果。100 米或 120 米以下为深层水，温度、盐度较均匀，季节变化甚小。无氧，多硫化氢。硫化氢的含量可达 6 ～ 8 毫升 / 升。

◆ 资源

黑海有浮游植物350 多种，浮游动物80 种。近岸海区有无脊椎动物、鱼卵和幼虫。底栖生物相当贫乏，只有地中海的 1/5 至 1/4。西北海区有很多牡蛎和其他软体动物，鱼类约有 180 种，尤以鲟鱼最负盛名，其次是鲱鱼、西鲱、灰鲻和鲨鱼等。黑海是联系乌克兰、保加利亚、罗马尼亚、俄罗斯西南部与世界市场的航运要道。黑海北部沿岸，尤其是克里木半岛，是东欧人的度假、疗养胜地。

洪都拉斯湾

洪都拉斯湾是洪都拉斯西北部海湾，位于洪都拉斯、危地马拉和伯利兹之间。湾面从伯利兹的斯坦克里克至洪都拉斯的拉塞瓦，宽约 185 千米，近岸水深 22 ～ 54 米，湾口最深处达 2000 米以上。湾内海水含盐度为 36，平均温度 27℃。有乌卢阿河和莫塔瓜河等注入。湾内多岛屿，富渔产。沿岸的重要海港有危地马拉的巴里奥斯和洪都拉斯的拉塞瓦、特拉和科尔特斯等。

加尔维斯顿湾

加尔维斯顿湾是美国第七大河口，位于美国得克萨斯州海岸，西北部紧邻休斯敦。与墨西哥湾相连，被大陆上的亚热带沼泽和草原环绕。面积约1600平方千米，长约56千米，宽约31千米。平均深度为1.8米，最大深度为3米。属于亚热带湿润气候，来自南部和东南部的盛行风带来热量和水分。夏季温度经常超过32℃，冬季温暖，1月份高温高于16℃，低温接近4℃，降雪很少见。年降水量平均超过1000毫米，有些地区超过1300毫米。秋季，飓风是一种威胁，加尔维斯顿岛和玻利瓦尔半岛的风险最大。

加尔维斯顿湾系统由4个主要的海湾组成：加尔维斯顿湾本部（上、下）、三一湾、东湾和西湾。加尔维斯顿湾有3个出口到墨西哥湾：加尔维斯顿岛和玻利瓦尔半岛之间的玻利瓦尔道（休斯敦船道出口）、加尔维斯顿岛西端的圣路易斯山口和玻利瓦尔半岛的过山通道。海湾内航道是由天然岛屿和人工运河组成的内陆航道，在海湾和海湾之间运行。这一海域大量生产虾、蓝蟹、东方牡蛎、黑鼓鱼、比目鱼和鲷鱼，因此周围有大型商业捕鱼业。又因其靠近主要的人口中心，加尔维斯顿湾的娱乐和旅游业也很发达。这里还拥有600余种鸟类，是观鸟的热门地。

加勒比海

加勒比海是大西洋属海，因当地原居民加勒比印第安人而得名。位于北大西洋的西南部，介于大安的列斯群岛、小安的列斯群岛和中美洲、南美洲之间。向北经尤卡坦海峡直通墨西哥湾，向东经莫纳海峡、向风海峡、小安的列斯群岛间诸海峡连接大西洋。东西最长约 2800 千米，南北最宽约 1400 千米，面积达 275.4 万平方千米，容积 686 万立方千米。属深度较大的陆间海，平均深度 2491 米，最深处为古巴和牙买加之间的开曼海沟，深达 7686 米。海底自西向东分布着尤卡坦、开曼、哥伦比亚、委内瑞拉和格林纳达 5 个椭圆形海盆。由于海底山脊的阻隔，来自高纬度的寒冷底层海水不能进入，使加勒比海的海水温度高于大西洋。表层海流由北赤道暖流和南赤道暖流的北支组成，终年保持高温。盐度35。海域大部分介于北纬 10°～ 20°，盛行东北信风，气候湿热，以夏雨为主，夏秋多飓风。海洋生物资源丰富，盛产沙丁鱼、金枪鱼、虾、海龟、鲨鱼、软体类和甲壳类动物。大陆架蕴藏有丰富的石油和天然气。巴拿马运河通航后，加勒比海既是连接大西洋和太平洋的交通要道，也是南、北美洲之间许多航线的枢纽，素有"美洲地中海"之称，具有重要的战略地位。加勒比海沿岸有 30 多个国家和地区，主要港口有加拉加斯（委内瑞拉）、科隆（巴拿马）、金斯敦（牙买加）和威廉斯塔德（荷属安的列斯群岛）等。

凯尔特海

凯尔特海是爱尔兰南方大西洋海域的一部分，东面连接圣乔治海峡、布里斯托湾、英吉利海峡和比斯开湾，又和英国康沃尔半岛和法国布列塔尼半岛相邻。因为这些地区都是传统上凯尔特人的聚居地，因此这片海域被命名为凯尔特海。

凯尔特海南方和西方边界由大陆架限定，且急剧锐减。从开阔的大西洋到凯尔特海的南部和西部没有陆地特征。海下的海床被称为凯尔特陆架，是欧洲大陆架的一部分。东北部的深度为 90 ～ 100 米，向圣乔治海峡方向增加。在相反方向上，指向西南方向的沙脊也具有相似的高度，由深约 50 米的海槽隔开。当海平面较低时，这些山脊由潮汐效应形成。在北纬 50° 以南，地形更不规则。这一海域还有由许多小岛组成的锡利群岛。

　　凯尔特海海底具有丰富的油气资源，商业开采也很成功。金赛尔气田曾在 20 世纪 80 ～ 90 年代给予爱尔兰共和国油气支持。还拥有丰富的鱼类资源，经常出现小须鲸、宽吻海豚和港湾海豚等。此外，这里地处英吉利海峡航线、英国和爱尔兰之间海域航线和直布罗陀海峡至西欧航线、北美至西欧航线的交汇点，是北大西洋东部海上交通要冲，海水较深且障碍物少，有利于各种舰艇航行，沿岸港口众多。

坎佩切湾

　　坎佩切湾是墨西哥南部半圆形海湾，属墨西哥湾。东为尤卡坦半岛，南为特万特佩克地峡，西为韦拉克鲁斯州。东西最长 710 千米，南北最宽 320 千米。总面积 15540 平方千米。深度一般为 200 米，东部最浅。出产鲭鱼和虾。沿岸有特尔米诺斯等潟湖和沼泽。有夸察夸尔科斯河、格里哈尔瓦河、乌苏马辛塔河、坎德拉里亚河等注入。海底蕴藏丰富石油，为墨西哥重要石油产区。近海油井开采始于 20 世纪 70 年代，80 年代初成为墨西哥最大的产油区。周边主要港口有韦拉克鲁斯、夸察夸尔科斯和坎佩切。

拉布拉多海

拉布拉多海是位于北大西洋西北部，拉布拉多（西南）和格陵兰（东北）之间的海湾。海湾通过戴维斯海峡与巴芬湾（北部）相连，通过哈得孙海峡与哈得孙湾（西部）相连。深约 3400 米，宽约 1000 千米，与大西洋相连。在距离巴芬湾不到 700 米的地方开始变浅，并进入约 300 千米宽的戴维斯海峡。海底有一个深 100 ～ 200 米，长 2 ～ 5 千米，宽约 3800 千米的浊流通道系统运行，靠近从哈得孙海峡到大西洋的中心。这个通道是有许多支流的海底河床，由堤坝内流动的高密度浊流维持运转，被称为西北大西洋中心海洋通道。

寒冷季节，低盐度拉布拉多洋流沿加拿大海岸向南流动，而温暖的、含盐量更多的西格陵兰岛洋流则沿着格陵兰岛海岸向北移动。由于拉布拉多海流带有许多冰山，主要的航运路线位于海域的东部，航行季节从仲夏延伸到晚秋。水温在冬季 -1℃和夏季 5 ～ 6℃之间变化，盐度相对较低，为 31 ～ 34。冬季时，2/3 的海洋被冰覆盖。潮汐频率是半昼夜（即每天发生两次）。海中有逆时针的水循环。由东格陵兰岛流发起，并继续向西格陵兰岛流动，沿着格陵兰岛海岸到达巴芬湾，向北带来更温暖、更咸的海水。随后，巴芬岛洋流和拉布拉多洋流沿着加拿大海岸向南运送冷水和较少盐水。这些海流携带大量冰山，因此阻碍了海床下气田的运输和勘探。拉布拉多洋流速度通常为 0.3 ～ 0.5 米 / 秒，在某些地区可达 1 米 / 秒。

拉布拉多海的主要经济鱼类有黑线鳕、大西洋鲱鱼、龙虾等。还有若干种比目鱼和中上层鱼类，如沙枪和毛鳞鱼，在南部海域最为丰富。

此外，在这一海域小须鲸和宽吻鲸也很常见。

里加湾

里加湾是波罗的海东南部海湾，位于爱沙尼亚西岸与拉脱维亚海岸之间。经伊尔贝海峡和苏尔海峡通波罗的海。南北长 150 千米，东西宽 70～130 千米，面积 1.81 万平方千米。最深处 62 米。有道加瓦河（西德维纳河）、利耶鲁佩河等河流注入海湾。12 月至次年 4 月为结冰期。沿岸主要海港有拉脱维亚的里加和爱沙尼亚的派尔努，西岸设有斯利捷列自然保护区。

利古里亚海

利古里亚海是科西嘉岛、厄尔巴岛同法国、摩纳哥和意大利沿岸之间的海域，是地中海的支海。海区东西长 245 千米，南北宽 175 千米，面积约 3 万平方千米。以北和以东为意大利的利古里亚区和托斯卡纳区，南为法国的科西嘉岛，东南通过托斯卡尼群岛同第勒尼安海相连。海区大陆架狭窄，一般水深 2000 米，东部较浅，西部较深。最深处位于科西嘉岛西北方向，最大水深为 2850 米，附近海域少岛礁。利古里亚海是地中海著名的旅游区，海滨风景优美，阳光充足、气候宜人、旅游胜地众多。

利古里亚海西段海区是法国和摩洛哥海岸，沿岸港口城市有土伦、尼斯、热那亚。土伦是海军基地，为法国地中海舰队司令部驻地。北部和东部为意大利海滨区。最北部是热那亚湾，汇入此处的有阿尔诺河，以及许多源自阿尔卑斯山的河流。北部海滨因优美的风景和宜人的气候而著称。东北海岸为亚平宁山脉山地海岸,岸边平原狭窄,入海河流多而短小。东南通过科西嘉海峡连接第勒尼安海。意大利滨海地区人口集中,经济发达,北部的米兰、都灵、热那亚"工业三角地带"是意大利经济最发达的地区,沿岸港口城市有萨沃纳、热那亚、拉斯佩齐亚等。

马拉若湾

马拉若湾是巴西帕拉州东部亚马孙河三角洲的大西洋海湾。西北部是世界上最大的冲积岛——马拉若岛,南部是巴西北部最大的港口城市、帕拉州的首府贝伦,亚马孙河的支流帕拉河在此汇入大西洋。面积约4500平方千米,地处南半球赤道附近,属于热带雨林气候。全年高温多雨,年均降水量约2921.7毫米,年平均气温约31.5℃。东部有众多的半岛和岛屿,沿岸主要植被是红树林。最深的水域不到30米,亚马孙河与其支流流量较大,带来大量淡水,因此马拉若湾盐度很低。在大部分情况下以淡水为主,即使在亚马孙河的枯水期,贝伦附近的盐度也不足1,因而淡水鱼和海鱼均可在此生长。渔业较为发达,常见的鱼类有鳕鱼、孔雀鲈鱼、马拉巴利齿脂鲤、双须骨舌鱼、图丽鱼、鲻鱼、大盖巨脂鲤、食人鲳等。海湾沿岸的油气资源并不丰富。周边人口主要分布在贝伦及其都市圈内,因此马拉若湾一定程度上受到了贝伦及沿海小城市的工业和城市污水的污染。

墨西哥湾

墨西哥湾是大西洋深入北美大陆东南部的海湾。略呈椭圆形,周围大部分为美国和墨西哥领土环抱。古巴岛居湾口中部,其北侧的佛罗里达海峡与西侧的尤卡坦海峡分别沟通大西洋和加勒比海。东西长 1609千米,南北宽 1287 千米,面积 154.3 万平方千米。平均水深 1512 米,最深处锡格斯比深渊为 5203 米。海水容积 233.2 万立方千米。

墨西哥湾由中生代陆地沉陷而成,部分海岸仍在下沉中。大陆架宽广,在佛罗里达半岛以西和尤卡坦半岛以北宽达 200 ~ 280 千米。约3/5 大陆架属美国,2/5 属墨西哥。沿岸皆为低平的沙质海岸,多沼泽和由沙洲、沙嘴、珊瑚礁阻蓄或封闭成的潟湖。北岸和西北岸分别有密西西比河和格兰德河(墨西哥称北布拉沃河)等注入。地处热带和亚热带,气候湿热,加以海域近于封闭,故表水温度和盐度较高。夏季水温约 28℃,近岸浅水区达 30 ~ 31℃;冬季南北介于 18 ~ 25℃。年平均盐度为 36 ~ 36.9。潮差 0.3 ~ 0.6 米,为世界上潮汐最小的海域之一。大西洋北赤道洋流和南赤道洋流的分支穿过小安的列斯群岛间的海峡,进入加勒比海,汇成加勒比海暖流;再经尤卡坦海峡注入墨西哥湾,形成顺时针环流。湾内水位比附近大西洋高,海水以每小时 9 ~ 10 千米的速度经佛罗里达海峡流出,年平均流量达 3000 万米^3/ 秒,称为佛罗里达暖流;与安的列斯暖流汇合后,即为墨西哥湾暖流(湾流),流向东北。墨西哥湾冬季有强风,夏末秋初多飓风。

墨西哥湾大陆架地区浅滩广,入湾河流带来许多悬浮物质和浮游生物,为重要渔场,产鲱鱼、鲻鱼、鲔鱼、小虾、牡蛎等。西北部、西部沿岸和附近大陆架富藏石油、天然气和天然硫黄。为世界上最早进行海洋石油勘探和开采的地区之一。2017 年 7 月,墨西哥湾浅海区域发现大量原油，预估可开采储量达 1.4 亿至 20 亿桶。属美国的油、气田主要分布在路易斯安那州、得克萨斯州岸外；属墨西哥的油、气田集中在西南部坎佩切湾。沿岸主要港口有美国的休斯敦、加尔维斯顿、博蒙特、阿瑟港、新奥尔良、莫比尔、坦帕、圣彼得斯堡等，墨西哥的韦拉克鲁斯、坦皮科等，以及古巴的哈瓦那。

帕里亚湾

帕里亚湾是加勒比海海湾，位于特立尼达岛和委内瑞拉海岸之间。东西长 160 千米，南北宽 64 千米。北端横卧着帕里亚半岛，仅以龙口与加勒比海相连；南端以蛇口为出口与大西洋相通。海湾东部大陆架储藏丰富的石油和天然气。港口有特立尼达和多巴哥的西班牙港和圣费尔南多，委内瑞拉的圭里亚、伊拉帕和佩德纳莱斯等，主要运输石油、铁矿石、铝矾土、农产品和木材等。

切萨皮克湾

切萨皮克湾是美国东部大西洋沿岸伸入内陆最深的海湾。北部在马里兰州，南部在弗吉尼亚州。第三纪全新世时因海岸下沉，海水淹没萨斯奎汉纳河及其支流的下游谷地而形成。南北延伸，长 310 千米，宽 6～48 千米。湾区水域面积 7115 平方千米。平均水深 8.5 米，最大深度 53 米。湾口在查尔斯角和亨利角之间，宽 19 千米，东岸岸线曲折，地势较低，多岛屿和沼泽；西岸多半岛和溺谷。接纳大小河流多条，其中在海湾北端汇入的萨斯奎汉纳河最大，其流量占入湾总流量的 50%；其次是波托马克河，占入湾总流量的 15.5%；其他主要入湾河流有詹姆斯河、帕塔克森特河、拉帕汉诺克河等。湾内海水盐度差异明显，湾口、湾中和湾底的盐度分别为 30、15 和 5。切萨皮克湾是美国大西洋沿岸的航运中心。北端通过运河与特拉华河和特拉华湾相连；南经伊丽莎白河与阿尔伯马尔湾沟通，构成大西洋沿岸水道的重要一环。1952 年在海湾北部最狭处的桑迪角与肯特岛间建成切萨皮克湾桥，连接两岸交通；1964 年在湾口建成连接两岸的一组桥梁、人工岛、隧道和高架桥工程，长 28 千米。水产丰富，盛产牡蛎和螃蟹。沿岸多史迹，为重要旅游胜地。沿岸主要港口有巴尔的摩、诺福克等，后者也是美国重要的海军基地。

圣安德鲁斯湾

圣安德鲁斯湾是南极洲大西洋沿岸的海湾。地理坐标为南纬 54°26′，西经 36°11′。距离南极圈约 1350 千米。地处南大西洋斯科舍海，英国海外领土南乔治亚岛（阿根廷主权争议）东南部的北岸，斯基特勒山以南。宽约 3.2 千米，属于受海洋影响较大的副极地气候，虽然较为寒冷，但相对于南极大陆依然较为温暖，其所处的南乔治亚岛夏季（1月）平均最高温度约为 8℃，冬季（8月）平均最低气温约为 −5℃。由于地处南半球盛行西风带，全年都有强劲的西北风，风大浪高，船队很难接近或停靠在此。同时从海上吹来的潮湿西风给岛上带来较丰沛的降水，年均降水量约为 1500 毫米，多以降雪和雨夹雪的形式出现。岛上大部分被冰雪覆盖，少有植被生长，部分地区有苔原分布。圣安德鲁斯湾是王企鹅的主要聚集地之一，超过 15 万只王企鹅在此生活繁衍。

此外，还有马可罗尼企鹅、金图企鹅、毛皮海豹、蓝眼鸬鹚、南极雪燕、信天翁等南极野生动物。这里也是南乔治亚岛上最大的象海豹繁殖地，每年最多有约 6000 只象海豹在此活动。渔业资源主要有南极磷虾、小鳞犬牙南极鱼、鲭鱼等。海湾后有 3 座冰川，其中的罗斯冰川正在显著消退中，消退后的冰川留下了一个砾石海滩；希尼冰川和库克冰川也在圣安德鲁斯湾附近，希尼冰川长约 7 千米，位于库克冰川的西北方向，从东北再向东注入圣安德鲁斯湾。

圣马科斯湾

圣马科斯湾是巴西东北部马拉尼昂州的大西洋海湾。长约 100 千米，宽约 16 千米。这个海湾实际上是一个被淹没的河口，是梅阿林河河口湾的一部分，容纳着格拉霍河和伊塔皮库鲁河，另外还有格拉雅乌河和平达雷河注入。海湾中岛屿众多，其中最大的岛屿是圣路易斯岛，该岛的东南为圣若泽湾。马拉尼昂州的首府圣路易斯就在圣路易斯岛上，由法国人在 17 世纪早期建立。伊塔基市也位于圣路易斯岛，在圣路易斯的西南部，是一个规模相对较小的港口城市，港口通过铁路与内地连接，为整个州提供海运服务。阿尔坎塔拉位于圣马斯科湾的北岸，拥有距离赤道非常近的阿尔坎塔拉发射中心。圣马科斯湾还具有很大的潮汐发电潜能，春分时期，海岸潮差可达 8 米以上。

松恩峡湾

松恩峡湾是挪威最长、最深的峡湾，位于挪威西部韦斯特兰郡境内。

松恩峡湾地区的弗洛姆村秋景

湾口在卑尔根以北 72 千米。从北海海岸外叙拉岛的苏伦到其最长的支湾吕斯特拉峡湾顶端的肖伦，长约 204 千米，最深处达 1308 米。其窄而深的支汊海峡东抵尤通黑门山，北至约斯特谷冰川。其南面支湾艾于兰峡湾几乎延伸到哈灵山。松恩峡湾及其支湾为挪威风光最绮丽的地方，岸边还坐落着世界文化遗产奥尔内斯木构教堂，是重要旅游区。峡湾顶端的冲积土上有农田。沿海湾瀑布甚多，其中大多已建水电站，为耗电量大的炼铝工业发展提供了条件。峡湾东端的奥达尔有德国投资的大型铝加工厂。

苏尔特湾

苏尔特湾是北非地中海南部最大的海湾，又称锡德拉湾。位于利比亚北部，从米苏拉塔向东延伸至班加西，海域东西最大宽度 465 千米，自北而南向陆岸伸展 115 千米。沿岸为地中海型气候。每年 8 月水温升至 31℃，成为地中海温度最高的水域，形成良好的金枪鱼、沙丁鱼、海绵渔场。沿海为沙岸，多盐滩、沼泽、潟湖。有零星绿洲。陆岸西部经济以农牧业为主，东部苏尔特盆地为利比亚重要石油、天然气蕴藏与开采区。沿岸主要城镇班加西是利比亚第二大城市、重要港口和工商旅游业中心；苏尔特是苏尔特区的首府，也是一座新兴的沿海城市；锡德尔、拉斯拉努夫、卜雷加等为石油输出港和炼油、石油化工中心；米苏拉塔为利比亚国内唯一钢铁工业中心，2001 年建成出口加工区。有公路连接沿海各城镇及绿洲，班加西、米苏拉塔等城市有公路通南部内陆。各油港与油田间已修设输油、气管。班加西和米苏拉塔设有国际机场。

托多苏斯桑托斯湾

托多苏斯桑托斯湾是巴西东海岸的大西洋避风湾，又称万圣湾。位于巴伊亚州坎德亚斯和洛巴图之间，面积约 1223 平方千米，平均深度为 9.8 米。地处巴拉圭河附近，被肥沃的沿海低地环绕。海湾由其发现者意大利航海家韦斯普奇命名，据说他在万圣节之日进入港湾，故而起名为万圣湾。早在 18 世纪，非洲的黑人就被贩卖到这里种植甘蔗。托多苏斯桑托斯湾是巴伊亚州最大的海湾。这里还是鲸鱼的主要交配地，捕鲸活动在当地很受欢迎。

巴西的萨尔瓦多市是巴伊亚州的主要海港和首府，位于海湾和大西洋之间的半岛上，一部分被海湾环绕，另一部分被开阔的海洋包围。法罗达巴拉（巴拉灯塔）是历史悠久的堡垒遗址，矗立在入口处。海湾的主航道处于从大西洋入口开往圣弗朗西斯科杜孔德港之间。巴西第一个产油油田即位于坎德亚斯和洛巴图之间的海湾东北岸。

瓦登海

瓦登海是欧洲大陆西北部到北海之间的带状浅海洼地及湿地。北起丹麦南部的斯凯灵恩半岛，向南至德国沿海后，又转向西到荷兰西北部的登海尔德。海岸线总长约 500 千米，总面积约 10000 平方千米，弗里西亚群岛将其与北海分隔开。属于温带海洋性气候，气候温和潮湿，各种复杂的地理因素与生物因素的交互作用，衍生出众多的过渡性栖息地与潮汐通道以及沙质滩涂、海草甸、贻贝海床、沙洲、泥滩、盐沼、河口、海岸和沙丘。具有高度的生物多样性，是多种鸟类迁徙越冬和繁衍的区域。每年有 1200 多万只水鸟迁徙至此繁殖和越冬。常见的有鸭、鹅、海鸥等。在人类未大规模开发前，鹰、火烈鸟、鹈鹕、苍鹭等也很常见。同时，这里也是港海豹和灰海豹等海洋哺乳动物的重要栖息地。拥有较为丰富的油气资源。2009 年被列入《世界遗产名录》，开发强度受到限制。在荷兰，瓦登海保护区内仅有 6 个正在开采中的气田，年总开采量在 15 亿～ 25 亿立方米（2008 ～ 2015），开采也造成了部分地区沉降加速的问题。由于大量的人类活动，如修建大量的堤坝和堤道系统等，海岸线遭受了巨大的改变。沿岸的 3 个国家都各自设立了瓦登海国家公园进行保护。瓦登海还是旅游胜地，在退潮后的泥滩上徒步行走在此很受欢迎。

亚得里亚海

亚得里亚海是地中海北部海域，位于亚平宁半岛和巴尔干半岛之间，南部通过奥特朗托海峡与地中海中部的伊奥尼亚海相连。南北长约 800 千米，东西宽 95 ～ 225 千米，面积约 13.2 万平方千米。平均深度是 240 米，北浅南深，东南部最深处 1324 米。冬季交替刮强劲的东北风（布拉风）和带来雨水的南风（西洛可风），前者不利于航行。表层水温 8 月 24 ～ 25℃，2 月 11 ～ 14℃；盐度 30 ～ 38，北低南高。盛产鲭、沙丁鱼等。海域两岸呈鲜明对照：西岸地势较低，海岸平直，岛屿稀少；东岸山地纵贯，海岸曲折，岛屿棋布，与海岸平

亚得里亚海景色

行排列，形成许多海湾和海峡。两岸主要港口城市有意大利的里雅斯特、威尼斯、安科纳、里耶卡和克罗地亚的斯普利特、阿尔巴尼亚的都拉斯等。

亚速海

亚速海是东欧内陆海，位于俄罗斯西南岸和乌克兰东南岸之间，南经刻赤海峡与黑海相连。长约 340 千米，宽 135 千米，面积 3.76 万平方千米。海域向东北深入，形成塔甘罗格湾。四周海岸地带大部分地势低平，多潟湖和沙嘴。其中，海域西部长 113 千米的阿拉巴特沙嘴将亚速海与锡瓦什湾隔开。海水较浅，平均深 8 米，最深处 13 米。有顿河、库班河等许多河流注入，海水盐度仅 9 ～ 11。属温带大陆性气候，时而严寒，时而温和，经常有雾。夏季水温

亚速海景色

20 ～ 30℃，冬季结冰 2 ～ 3 个月。渔产丰富，尤以沙丁鱼、鳀鱼为多。沿岸主要海港有俄罗斯的塔甘罗格、叶伊斯克和乌克兰的马里乌波尔、别尔江斯克等。原为苏联的内海，1991 年苏联解体后分属俄罗斯和乌克兰。两国在亚速海资源的开发利用、边界划定等方面存在争议。

伊奥尼亚海

伊奥尼亚海是地中海中部海域，又译爱奥尼亚海。位于巴尔干半岛南部（希腊）与亚平宁半岛南部、西西里岛（意大利）之间。北以奥特朗托海峡与亚得里亚海相连，西以墨西拿海峡与第勒尼安海相连，南部向地中海开敞。面积 57 万平方千米。平均深度 2100 米，东南部最深达 5121 米。盐度 38。盛产鲭、鲽等鱼类。这一海区有意大利的塔兰托湾、卡塔尼亚湾，希腊的基帕里夏湾、帕特雷湾、科林西亚湾等海湾。希腊西岸沿海分布长列岛群，即伊奥尼亚群岛。处于国际航运线上，战略位置重要。沿岸主要海港有意大利的卡塔尼亚、塔兰托和希腊的帕特雷等。

第3章

印度洋

印度洋是地球上第三大洋，是地质年代最年轻的大洋。位于亚洲、南极洲、大洋洲和非洲之间，南部与太平洋和大西洋相通。西南以通过非洲南端厄加勒斯角的东经20°经线与大西洋为界，东南以通过塔斯马尼亚岛东南角至南极大陆的东经146°51′经线与太平洋为界。总面积为7617.4万平方千米，平均水深为3711米，最大深度为7450米（爪哇海沟）。鉴于南极绕极水域独特的水文特征，许多海洋学家主张把副热带辐合线以南的水域划为南大洋。

与太平洋和大西洋不同，印度洋水域北部封闭，南部开敞。北部岸线曲折，边缘海、内陆海和海峡较多。东、西、南三面与大洋洲、非洲和南极大陆接近，部分岸线平直。主要附属海和海湾有红海、阿拉伯海、波斯湾、孟加拉湾、安达曼海、阿拉弗拉海、帝汶海和大澳大利亚湾等。整个印度洋岛屿稀少，主要分布在西部洋区，大都为大陆岛。流入印度洋的河流也较少，著名的有恒河、布拉马普特拉河、印度河、伊洛瓦底江、赞比西河等。

公元前3000多年以前，东印度商人在印度洋北部的航海活动已相当活跃。15 世纪初期到 15 世纪 30 年代，中国航海家郑和曾 7 次到过印度洋，最远曾到达非洲的马达加斯加附近。19 世纪后期开始进行科学考察活动，20 世纪 60 年代以后，各种考察活动日益增多。

◆ 地质地形

地形

印度洋中央海岭由中印度洋海岭、西印度洋海岭和南极-澳大利亚海丘组成，呈"入"字形。中印度洋海岭为印度洋中央海岭的北分支，在查戈斯岛附近被韦马断裂带所切割。在断裂带以北的一段海岭，称为阿拉伯海-印度洋海岭（也称卡尔斯伯格海岭），其顶峰约在海平面以下 1800 米。西印度洋海岭为印度洋中央海岭的西南分支，地势崎岖复杂，是世界大洋中唯一无明显地磁异常的洋中脊，但却有浅源地震发生。南极-澳大利亚海丘为印度洋中央海岭的东南分支，一般在海平面以下 4000 ～ 6000 米。

上述 3 支海岭把印度洋整个洋底分割成 3 个大洋盆。每个大洋盆又被若干小海岭、海台、海隆和海山分割成大小不一的小洋盆。其地形以西部最为复杂。在马达加斯加岛的西北，为索马里海盆。该岛的东北为马斯克林海岭，从塞舌尔群岛到毛里求斯岛呈弧形分布，其间有海底山、海台和洼地互相穿插。马达加斯加岛的南方，有马达加斯加海台，把洋底分隔成两个海盆，西南为纳塔尔海盆（莫桑比克海盆），东南为马达加斯加海盆。印度洋南部地形较简单。克罗泽海台和凯尔盖朗海岭把南部大洋盆分隔成 3 个海盆：中印度洋海盆、南极-阿非利加海盆和南极-澳大利亚海盆。海盆水深 4500 ～ 5000 米。

东经九十度海岭（国际印度洋考察期间发现），北起北纬 10°，南至南纬 32°，长达 6000 多千米，离海面深度为 1800 ～ 3000 米，是迄今所发现的最长最直的海岭。它的西部为中印度洋海盆，东部为西澳大利亚海盆，东南部分布着若干小海岭、海隆和海台。

印度洋中央海岭被一系列断裂带所错开，如欧文断裂带，北自卡尔斯伯格海岭（阿拉伯海 - 印度洋海岭），南达索马里海盆；马达加斯加断裂带，横切西印度洋海岭，直伸马达加斯加海台。此外，还有一些小断裂带，如卡尔斯伯格海岭南端的韦马断裂带，南极 - 澳大利亚海丘上的阿姆斯特丹断裂带，对印度洋的地质构造、海底地形都有重要意义。这些断裂带往往形成一些深海沟，如韦马海沟、迪阿曼蒂海沟等。

在大洋的东北边缘，是巽他岛弧，由苏门答腊和爪哇诸岛组成，长达 5926 千米。在该岛弧的南侧伴有爪哇海沟。

印度洋地形的另一特点是北部的海、湾发育了世界上著名的大型冲积锥（深海扇）。孟加拉深海扇从恒河 - 布拉马普特拉河三角洲向南延伸达 2000 多千米，面积约 200 万平方千米，最大厚度达 12 千米，总体积达 500 万立方千米，为世界上最大的冲积锥。阿拉伯海的印度河深海扇与孟加拉深海扇相似，但规模不及后者。这些冲积锥以陆源堆积物为主，这是由于中新世中期以来喜马拉雅山脉显著上升，为之提供了大量的堆积物。

海底沉积

印度洋的海底沉积大体可以分两种类型：一类为远洋性沉积，多分布于洋盆上。其中以钙质软泥范围最广，分布于北纬 20° 至南纬 40°

之间的赤道带，占印度洋总面积的 54%。红黏土分布于北纬 10° 至南纬 40° 间的东半部，距大陆和岛屿较远，占总面积的 25%；靠近赤道的某些地区，红黏土中含有放射虫软泥。在南纬 50° 以南的亚南极区域，主要为硅藻软泥，约占总面积的 20%。另一类为陆源性沉积，分布于大陆近海和岛屿附近的海区，其中以阿拉伯海和孟加拉湾的冲积锥（深海扇）最为典型。此外，印度洋西部多熔岩和火山灰沉积；绕极带多陆源冰碛物；西北部多珊瑚礁，尤其在马尔代夫群岛和拉克沙群岛附近最多。

形成和演化

块构造学说认为，印度洋的现代轮廓直到第四纪才形成。它的形成，经历了一个冈瓦纳古陆分离与特提斯海衰减的过程。大约在三叠纪以前，巨大的特提斯海楔入北方的劳亚古陆和南方的冈瓦纳古陆之间。侏罗纪时，冈瓦纳古陆开始分裂，距今 1.6 亿～ 1.4 亿年的晚侏罗世时，非洲、南极和澳大利亚之间出现洋中脊，特提斯海向西南方侵入，印度洋的雏形始形成。距今 1.0 亿～ 0.8 亿年的晚白垩世晚期，印度、马达加斯加岛与非洲分离。第三纪初，澳大利亚才与南极大陆分离。由此可知，在世界三个大洋中印度洋最年轻。

◆ 气候

季风带

印度洋的季风带位于南纬 10° 以北。北半球夏半年（5 ～ 10 月），大气环流主要受南亚气旋的控制，赤道以北盛行西南风，以南盛行东南风。7 月平均风力为 8.0 ～ 10.7 米 / 秒，气温为 25 ～ 28℃。北半球冬半年（11 ～ 4 月）受亚欧大陆高压的影响，赤道以北盛行东北风，

以南则为西北风。风力一般不超过 5.5 ～ 7.9 米 / 秒。气温,北部为
22℃;赤道及其以南的季风区,气温几乎保持不变。赤道区域多云,降
水量充沛,以孟加拉湾东部、阿拉伯海东部和苏门答腊岛附近为最多。
这一带夏季多阴雨,冬季天气多晴朗。阿拉伯半岛沿岸终年干旱少雨。

信风带

印度洋的信风带位于南纬 10°～ 30°。终年盛行东南信风,平均
风力为 3.4 ～ 5.4 米 / 秒。热带气旋活动频繁,特别在 12 ～ 3 月间,常
沿西、西南及东南方向移动,以马达加斯加岛和毛里求斯附近出现次数
最多,年均约 8 次。北部气温终年较高,冬夏相差不大。南纬 30°附近,
2 月为 22 ～ 24℃,7 月为 18 ～ 20℃,西部比东部更高些。年降水量为
500 ～ 1000 毫米,由南向北增加,马达加斯加岛东岸可达 2000 毫米。
索马里沿岸则干旱少雨。

副热带和温带

印度洋的副热带和温带位于南纬 30°～ 45°。主要受南纬 35°附
近南印度洋反气旋的影响,北部风力微弱多变,南部处于西风带边缘,
盛行西风。南北气温差十分显著,平均气温,由北而南,2 月从 24℃降
至 10℃,7 月从 20℃降至 6℃。年降水量 1000 毫米左右。

西风带

印度洋的西风带位于南纬 45°以南的亚南极和南极地区。大气环
流受南极低压带和副热带高压的相互作用,终年盛行稳定而强劲的西风,
风力常在 20 米 / 秒以上。平均气温随纬度变化较明显,由北向南递降。
年降水量也由北向南递减。

◆ 水文特征

表层环流

印度洋北部因受季风变换影响，存在着独特的季风环流。南部与大西洋相似，终年存在着一个反气旋式的南副热带环流。

季风环流

印度洋在东北季风盛行季节（11～3月），南纬10°以北，出现一个主要由北赤道流和赤道逆流构成的逆时针方向的东北季风环流。印度洋北赤道流自苏门答腊和马来半岛附近向西，经斯里兰卡之南，一直流向非洲海岸。流速以2月最强，在斯里兰卡南方和阿拉伯海南部，最大流速可达100厘米/秒以上。流至索马里近岸时，北赤道流转向西南，越过赤道又转向东，同南赤道流北上的分支相汇合，成为赤道逆流。印度洋赤道逆流的流速，在东经70°附近为85厘米/秒，往东逐渐减小。到东经90°附近，赤道逆流分成两支：较大一支中有的转向东南，形成爪哇沿岸流，有的转向西南，加入印度洋南赤道流；另一支则转向东北，重新加入北赤道流，构成了逆时针方向的东北季风环流。4月以后，西南季风兴起。5月，南纬10°以北的洋面，几乎都为西南季风流控制。流速以7月最大，斯里兰卡南方，一般流速为50～100厘米/秒，最大可达150～200厘米/秒。由此往东，流速渐减，到苏门答腊附近，越过赤道向南汇入印度洋南赤道流。西南季风流，南赤道流的一部分和索马里海流组成了夏季北印度洋强大的环流。它比冬季的东北季风环流流速大，持续时间长，一直可到9月以后。作为北部季风环流的一环，索马里海流是南赤道流的延续，是西向强化的西部边界流，其性质与大西洋的湾流、太平洋的黑潮类似。它始于南纬10°附近，紧贴东非海岸北流，直至北纬8°30′～11°才转向东，全程约1852千米。它以流速强、厚度大著称。流速从南向北逐渐增大，在北纬1°附近为200厘米/秒，北纬4°30′附近为300厘米/秒，在北纬8°近岸处可达350厘米/秒。北印度洋的环流，西南季风（或东北季风）时并非全为大尺度的反气旋式（或气旋式）环流，而是含有一系列中、小尺度的气旋式和反气旋式涡旋，尤以季风转换期间为甚。

南副热带环流

印度洋的南副热带环流是由南赤道流、厄加勒斯海流，部分西风漂流和澳大利亚海流组成的反气旋型大环流。印度洋南赤道流是由南纬10°以南相对稳定的东南信风所形成的风生漂流。它源自澳大利亚和爪哇之间海区，自东向西沿南纬8°～20°流动。平均流速为25～30厘米/秒。冬季流速最大，约为50厘米/秒。到马达加斯加岛附近分成两支。南分支沿该岛东岸南下，为马达加斯加海流，平均流速为25～30厘米/秒；北分支绕过该岛北端向西，流速增大，到德尔加杜角附近又分为两支：一支沿非洲海岸北上，为桑给巴尔海流，另一支沿非洲海岸南下，为莫桑比克海流。沿马达加斯加岛东岸南下的马达加斯加海流，经莫桑比克海峡南口，在非洲近岸与莫桑比克海流会合，成为著名的厄加勒斯海流。它是南印度洋的西部边界流，具有流速大、流幅窄和厚度大的特点。其厚度可达2000～2500米。一般流速为100厘米/秒，最大流速出现于厄加勒斯浅滩的陆坡附近，可达150～200厘米/秒，使南极传来的涌浪波高成倍增长。由于这里流急浪高，海难事故经常发生。

海流经过此浅滩后，小部分流入大西洋，大部分向东南作"U"形急转弯，形成厄加勒斯回流，并与西风漂流会合。这两支海流水温相差甚大，致使这一会合点成为南印度洋副热带辐合带水文锋面的"源头"。

西风漂流到达东经90°～105°后，一部分逐渐转向东北，沿澳大利亚西岸近海北上，成为西澳大利亚海流（流速为20～35厘米/秒），然后流归南赤道流，从而构成南印度洋副热带反气旋型大循环。南印度洋的副热带环流西部边界流流速大，流幅狭窄，而东部边界流流速小，流幅范围不明确。这与南印度洋东岸未形成完全闭合的地形有关。

在印度洋的季风环流和南副热带环流之间，形成一个显著的水文化学锋面。有一低盐水舌自帝汶海沿南纬10°伸向马达加斯加北端，把副热带环流的低营养盐、高氧海水与季风环流的高营养盐、低氧海水分隔开来。

深层流

印度洋赤道潜流（深层流）在赤道的次表层水中由西向东流动。流速为50～60厘米/秒，流轴位于40～300米水层。最大流速为80厘米/秒，出现于100米水层。它与太平洋和大西洋中的赤道潜流有所不同，并非终年存在，只在东北季风期（北半球冬季）出现，而在西南季风期（北半球夏季）则不明显。

水团

20世纪60年代以来的研究结果表明，印度洋水团除表层（0～100米）以外，可分为次表层水、中层水、深层水和底层水。次表层水、中层水和底层水都由南向北运移，而深层水却由北向南运移，以资补偿。

副热带次表层水

印度洋副热带次表层水是由副热带辐合带的表层水下沉而形成的。它沿 100 ～ 800 米水层向北伸展，温、盐特征值分别为 8 ～ 15℃、34.6 ～ 35.5，到南纬 10°附近与在它上面的南赤道次表层水相混合。南赤道次表层水是由热带和副热带表层水混合下沉，向北往赤道扩散形成的，所在深度和范围无明显的边界。因不断与红海高盐水及沿岸低盐水相混合，其盐度特征值的范围广于中央水团，为 34.9 ～ 35.25，温度为 4 ～ 18℃。

亚南极中层水

印度洋亚南极中层水形成于副热带辐合带与南极辐合带之间，由亚南极表层水混合下沉而成，具有低盐（34.2 ～ 34.5）、低温（3.4 ～ 4.0℃）、高氧的特性。最初所在深度为 200 ～ 700 米，向北达南纬 35°附近下沉到 800 ～ 1500 米，到南纬 10°附近又上升到 500 ～ 900 米，并与迎面楔入其下的北印度洋次表层高盐水相混合，逐渐失去其原有的低盐特性，盐度增为 34.75。北印度洋次表层高盐水（也称红海水），源自红海及阿曼湾，分 5 路向南扩散，几乎遍及南纬 10°以北印度洋的次表层（100 ～ 1200 米），在赤道以北甚至可深达 2000 ～ 2500 米，它的温、盐特征值分别为 8 ～ 4℃、35.9 ～ 35.0。

深层水

印度洋深层水由几支水组成。作为上、中层水和底层水北流补偿流的北印度洋深层水，是由阿拉伯海的红海水下沉混合而形成的。它呈楔形切入于副热带次表层水和亚南极中层水之下，并以相反方向由北往南流动，沿途不断下沉，随着与周围水不断混合而逐渐降温、减盐。在索马里的瓜达富伊角附近，位于 1000 ～ 1500 米的深度时，温度为 4 ～ 8℃，盐度为 35.0 ～ 35.9，至赤道附近，下沉到 2000 ～ 2500 米。在南纬 10° 以南，成为高盐（34.8 ～ 35.5）、高温（2.5 ～ 10℃）、低氧（0.4 ～ 3.5 毫升 / 升）水。至南纬 10° ～ 16°，与亚南极中层水和南极底层水相混合，成为南印度洋深层水，温、盐特征值分别为 1.5 ～ 1.7℃，34.72 ～ 34.76。它继续向南伸展，至南纬 35° 附近，与绕极深层水合流。绕极深层水是由南大西洋流入印度洋的，并沿南纬 35° ～ 65° 处向东流入太平洋。此外，还有北大西洋深层水，由大西洋经非洲南方，从 2500 ～ 3000 米的深层流入印度洋，并伴随着绕极深层水向东流。其北侧在南纬 35° 附近，与南印度洋深层水相混合，它的温、盐特征值分别为 1.0 ～ 2.5℃，34.72 ～ 34.86。

南极底层水

印度洋南极底层水形成于南半球冬季南极大陆坡处，由水温达冰点的南极表层水和绕极深层水混合下沉而成。具低温（-0.9 ～ 0℃）、低盐（34.66 ～ 34.69）、高氧（5.3 ～ 6.8 毫升 / 升）的特性。

水温和盐度

印度洋表层水温的分布随季节而不同。冬季（以 2 月为季度月），赤道附近为均匀的高温带，从非洲东岸到苏门答腊，经爪哇南岸到澳大利亚以北海区，水温都高于 28℃，最高达 29℃。但阿拉伯海和孟加拉湾水温却较低，尤其是波斯湾和亚丁湾水温仅 20 ～ 24℃。在南纬 15° ～ 35°，由于受南副热带环流的支配，在东经 100° 以西洋区，等温线呈东北东走向，在同一纬度上，水温西部高于东部；东经 100°以东等温线转为东南东走向。在南纬 35°～50°的区域，是中纬度水向南极水的过渡带，等温线几乎与纬线平行，温度水平梯度最大，纬度每增加 1°，水温约降 1℃。夏季（北半球），热赤道北移，北部普遍增温。除索马里、阿拉伯沿岸受上升流影响，100～200 米层的冷水涌升到海面，使表层海水出现"冷水斑块"，水温低于 22℃外，8 月水温几乎都在 28℃以上；红海、波斯湾可达 34℃。赤道以南的广大洋区，仍保持着冬季的特征。唯在南纬 20°～40°水温普遍比冬季低 5℃左右。水温的垂直分布主要取决于水团的垂直结构。在 0～1500 米各层，水温随深度递减较快，2000 米处为 2.5～3.0℃，200 米以深，水温几乎不变。

印度洋表层盐度的分布各处不尽相同。在澳大利亚以西，有一东西向的椭圆形高盐区，盐度大于 36.0。由此往南，盐度随纬度增高而递减，等盐线几乎与纬线平行。从印度加尔各答、印度尼西亚近海至澳大利亚以北水域，是多雨地带，大片表层低盐（30～35）水，随南赤道流沿南纬 10°向西伸展，直至马达加斯加岛的东北，形成东北印度洋三角形低盐区。孟加拉湾北部因降水、径流都很大，盐度最低（小于31.0）；反之，阿拉伯海因蒸发量大，降水少、盐度高，一般在 36.5 以上，红海盐度可高达 42.0，是世界上盐度最高的海域。这一高盐水不断南移并楔入下沉，致使南纬 20°以北的次表层水出现高盐核（35.0 以上）。南极低盐水向北运移并混合下沉，800～1000 米层出现低盐核，并向赤道伸展。2000 米以深，盐度几乎不变。

溶解氧含量以表层为最高，尤其在低温的南极水域，可高达

7.5毫升/升。随着亚南极中层水的下沉而向北输送,至南赤道流的100～300米层时,达最低,不超过2.5毫升/升。阿拉伯海溶解氧以次表层为最低,有些地区100～300米层的氧含量几乎为零。

营养盐以南极的表层水为最高。磷、硅和硝酸盐含量分别为1.5～1.9、35～70和110～220微克原子/升。由南极往北逐渐降低,赤道附近磷酸盐仅0.2～0.1微克原子/升。表层以下营养盐随深度而升高,磷酸盐以1000～1500米层为最高,硅酸盐以底层为最高,硝酸盐则以西部南纬12°附近的北印度洋深层水为最高,其最高值分别在2.6、110～190和320微克原子/升。亚硝酸盐只存在于表层,并以亚南极区的上层水为最高,达8～10微克原子/升。

海浪

印度洋可分季风区、信风区和西风带3个区。季风区海浪冬小夏大,东北季风时,平均波高仅1米;西南季风时,2米以上波高的频率为45%,6米以上大浪的频率为10%。信风区多小浪和中浪,波高在2.1米以下的频率达80%。西风带多大浪,2.1～6米的波高频率达50%,6米以上的大浪频率达17%,在印度洋南部的凯尔盖朗群岛附近可见到15米波高的大浪。

潮汐

半日潮的主要分潮,在印度半岛之南和澳大利亚西南处各有两个无潮点,在孟加拉湾—查戈斯群岛—克罗泽群岛的连线附近,同潮时线最密集,振幅最小;阿拉伯海和澳大利亚以南洋区,振幅最大。印度洋的潮汐类型可分4类:孟加拉湾、查戈斯群岛、莫桑比克、克罗泽群岛附近洋区和澳大利亚西北近岸为规则半日潮；阿拉伯海、苏门答腊和爪哇岛近岸均为不规则半日潮；澳大利亚西南近海为规则全日潮；澳大利亚的西和南岸近海为不规则全日潮。在开阔的大洋中部，潮汐不显著。从马尔代夫群岛到克罗泽群岛一带潮差最小，平均不到 0.4 米。从此往大陆方向潮差逐渐增大。沿岸区域潮差，以澳大利亚西北岸为最大，达尔文港为 8 米，金斯湾可达 10～12 米；孟加拉湾北岸次之，仰光为 7 米；莫桑比克海峡西岸和阿拉伯海东北岸再次之，一般为 3～4 米；澳大利亚西南岸潮差最小，弗里曼特尔平均潮差仅 0.5 米。

◆ **生物和矿产**

生物

印度洋共有 37 种浮游植物，其中硅藻 29 种，甲藻 7 种，蓝藻 1 种。浮游植物主要密集于上升流显著的阿拉伯半岛沿岸和非洲沿岸，生物量每升在 10 万个以上。赤道流域和阿拉伯海生物量更多，每升可达几十万个。在南副热带环流区域和孟加拉湾中部，浮游植物生物量最低，每升一般不超过 5000 个。西风漂流以南区域每升为 1 万～10 万个。

浮游动物以桡足类甲壳动物为主，约占 70% 以上。此外，还有介形类甲壳动物、毛颚动物、磷虾类、有壳翼足类、有尾类和其他种类。主要密集于阿拉伯海西北部，尤其是索马里和沙特阿拉伯沿岸。生物量的季节变化十分显著，西南季风时，在索马里近海、阿曼湾和印度喀拉拉邦沿岸出现 3 个密集区，生物量都达 50～60 毫升/网（用印度洋标准网）。东北季风时，阿曼湾密集区移向阿拉伯沿岸，另外两密集区则消失。其他区域浮游动物生物量一般不超过 15 毫升/网。

底栖生物，深水区以多毛类环节动物为主，占 50%；异足类和等足类甲壳动物次之，占 10%。浅水区，甲壳动物几乎与多毛类环节动物相等，各占 25%。底栖生物量，温带多于热带，近岸多于大洋，以阿拉伯海北部沿岸为最多，一般为 35 克 / 米^3，最多可达 500 克 / 米^3 以上，为印度洋的最高值。往南逐渐减少，莫桑比克海峡和印度半岛南部沿海水域，为 3 ～ 5 克 / 米^3，澳大利亚西部陆架近海为 2.6 ～ 15 克 / 米^3。在赤道以南的热带区域，底栖生物量最少，平均为 0.04 克 / 米^3。在南纬 30° 以南，生物量又有所增加。

印度洋广阔的陆架浅海，是生物资源的主要富集地。据估计，生物资源潜力为 1500 万吨。印度洋的热带近海鱼类有 3000 ～ 4000 种，深海鱼、鳀鱼和虾主要产于饲料富集的印度半岛两岸水域、孟加拉湾和与太平洋交界的马六甲海峡。其中沙丁鱼以阿拉伯海西部最多，鲨鱼多分布于印度洋西部。

矿产

印度洋矿产资源丰富，特别是海底油气资源。据统计，印度洋油气年产量约占世界海洋油气总产量的 40%。自 1951 年发现波斯湾海底石油以来，已开发了科威特、沙特阿拉伯和澳大利亚巴斯海峡等海底石油。后又发现了苏伊士湾、库奇湾、坎贝湾、孟加拉湾、安达曼海湾、澳大利亚西北岸、帝汶、毛里求斯和南非大陆架等很有前景的海洋石油储藏。

锰结核在 4000 ～ 6000 米深的洋底，分布很广，形成坚硬的覆盖层。但印度洋锰结核中的锰含量低于大西洋和太平洋。

在印度洋边缘滨海有岸滩砂矿、沉积矿床、鸟粪和磷灰岩。斯里兰卡东北和印度西南沿岸的砂矿中，均含有钛铁矿、金红石、锆石、磁铁矿和独居石。此外，在印度和澳大利亚大陆架、印度尼西亚西南水下山脉顶部发现的磷块结构物，南非近岸开采的富钾肥海绿石，缅甸、印度尼西亚和泰国大陆架的锡矿，都是蕴藏量丰富的矿藏资源。在红海发现富含多种金属的软泥。

◆ 交通运输

印度洋是贯通亚洲、非洲、大洋洲的交通要道。东西分别经马六甲海峡和苏伊士运河通太平洋及大西洋。往西南绕过非洲南端可达大西洋。海运量占世界海运量的 10% 以上，以石油运输为主。航线主要有亚、欧航线和南亚、东南亚、东非、大洋洲之间的航线。印度洋的海底电缆网多分布在北部，重要的线路有亚丁—孟买—金奈—新加坡线、亚丁—科伦坡线和东非沿岸线。塞舌尔群岛的马埃岛、毛里求斯岛和科科斯群岛是主要海底电缆枢纽站。沿岸港口终年不冻，四季通航。

阿拉伯海

阿拉伯海是印度洋西北部的边缘海。中国古籍曾称之为"大食海"（因称阿拉伯半岛为"大食"而得名），或称其为"西洋"的一部分。位于亚洲南部的印度半岛与阿拉伯半岛间，平面轮廓北窄南宽，略呈矩形。南面以非洲大陆的阿赛尔角（索马里境内）和马尔代夫南部的阿明环礁之间的连线为准，再沿马尔代夫群岛和印度的拉克沙群岛的西侧向北，直迄拉克沙群岛最北端的阿明迪维群岛，以它们之间的连线为界。其东与拉克沙海相连（但有的海洋学家认为拉克沙海也是阿拉伯海的一部分）。在这个范围内，西面和西北面又以亚丁湾的东部边缘（索马里和也门之间的连线）和阿曼湾的东部边缘（阿拉伯半岛最东端的哈德角和巴基斯坦的季瓦尼角间的连线）为界，同这两个海湾分隔开来（但计算整个阿拉伯海的面积又包括它们）。阿拉伯海本身的海岸线比较平直，仅有印度西海岸的卡奇湾、肯帕德湾，以及阿曼沿海几个更小的海湾；岛屿也很少，仅有索科特拉岛、库里亚穆里亚群岛和马西拉岛等；主要海港有孟买、卡拉奇，以及亚丁湾的亚丁、吉布提和柏培拉等。

阿拉伯海总面积 386 万平方千米，容积 1056 万立方千米，平均深度 2734 米，最大深度 5203 米。阿拉伯海南侧面对辽阔的印度洋，西北以阿曼湾经霍尔木兹海峡通达波斯湾，西以亚丁湾经曼德海峡进出红海。阿拉伯海的大陆架，以东北部比较宽阔，为 120～253 千米，孟买以北沿岸最宽，达 352 千米；其余海岸的大陆架很窄，有的地方不足 40 千米。大陆架的水深悬殊，伊朗沿海只有 37 米，印度沿海可达 220 米。海底基本为一面积宽广的海盆，比较平坦。唯印度河通过河口附近的大陆架，向阿拉伯海盆源源不断地输送沉积物，从而形成一巨大的海底冲积锥（深海扇）。

阿拉伯海因处于热带季风气候区，终年气温较高。中部海域 6 月和 11 月表层水温常在 28℃以上；1 月和 2 月温度转低，仍在 24～25℃。临近阿拉伯半岛的海面，由于陆地干热气流的"烘烤"，水温可达 30℃以上。海面 11 月至次年 3 月常吹东北季风，降水稀少，为干季；4～10 月盛吹西南季风，降水丰沛，为雨季；夏秋之交常发生热带气旋，且伴有狂风恶浪和暴雨。表层海流以季风海流为主，随风向变化。每年 11 月到次年 3 月，海域盛行东北季风，随之形成东北季风漂流，沿印度沿岸向南流动，在北纬 10° 附近转向西流，然后分成两支：一支进入亚丁湾，一支沿索马里海岸南下；4～11 月，水气充沛的西南季风代替东北季风，表层海流随之倒转，形成西南季风漂流。

海水盐度，雨季低于 35，旱季高于 36。大陆架（波斯湾未计）某些区域蕴藏有石油与天然气，但勘测尚远远不够。海中生物资源丰富，主要鱼类有鲭鱼、沙丁鱼、比目鱼、金枪鱼和鲨鱼等。阿

阿拉伯海日落景色

拉伯海是联系亚、欧、非三大洲海上交通的重要海域，自古是东西方往来的方便通道。中国古代航海家多曾进出其间，明代郑和率庞大船队万里来访，即其著例。

阿曼湾

阿曼湾是阿拉伯海西北部海湾。北岸属伊朗，南岸属阿曼。西侧部分岸段属阿拉伯联合酋长国。西以霍尔木兹海峡与波斯湾相通，东以阿曼的哈德角和巴基斯坦的吉沃尼角之间的连线，与阿拉伯海的广阔洋面相连。整个轮廓西窄东宽，略作西北—东北向敞开，形如海螺。长 450 千米，最宽 340 千米，最深处在阿曼首都马斯喀特以北 100 千米的海底，深达 3694 米。沿岸港口不多，且规模不大。南岸主要有阿曼的马斯喀

特和马特拉，北岸有伊朗的贾斯克和恰巴哈尔。但因既是波斯湾进出世界大洋的过渡海域，又是海湾地区各国石油输出的唯一海上通道，经济和战略意义均极为重要。平时，包括载重数十万吨的超级油轮及各式各样油船穿梭往来；周边地区一旦战争爆发，更是某些大国的舰艇和战机大批频繁出没、游弋的场所。

安达曼海

安达曼海是印度洋东北部的边缘海。东岸是中南半岛，西侧是安达曼群岛、尼科巴群岛及苏门答腊岛。西以普雷帕里斯海峡、十度海峡和尼科巴海峡通孟加拉湾和印度洋，东南以马六甲海峡通南海。南北长 1200 千米，东西宽 645 千米，面积 79.8 万平方千米。大陆架面积宽广，北部因伊洛瓦底江三角洲泥沙沉积，1/3 海域水深不及 180 米，西部和中部一般水深 900 ～ 3000 米，安达曼－尼科巴东侧的海沟深度超过 4400 米，水深 3000 米以上的海域不到总面积的 5%。气候和海水受东南亚季风变律的影响和控制，冬季海域湿度低，海面上很少有降雨或出现径流，因此海水表层含盐度较高；但夏季季风到来时，巨大的径流从缅甸涌入安达曼海，在北部的 1/3 海域造成显著的表层海水含盐度低现象。海中渔业和矿产资源不多，但东侧有 250 种经济鱼类及海底砂锡矿。安达曼海古代曾是中国与印度商船往返的必经之所或在中南半岛港口实行海陆接运的转换站，现在主要是缅甸沿海各港口对外联系的通道，东侧马来半岛的普吉岛与浮罗交怡岛是旅游海岛的后起之秀。

波斯湾

波斯湾是印度洋西北部边缘海，通称海湾，阿拉伯人称之为阿拉伯湾。位于伊朗高原和阿拉伯半岛之间。西北起阿拉伯河河口，东南至霍尔木兹海峡。长990千米，宽56～338千米，面积24万平方千米。水深一般不超过90米，平均深度约40米，湾口最深达110米。沿岸国家有伊朗、伊拉克、科威特、沙特阿拉伯、卡塔尔、阿拉伯联合酋长国、阿曼和湾内岛国巴林。海湾地区为世界最大石油产地供应基地，素有"世界石油宝库"之称。在世界上8大储油国中海湾地区占5个。沙特阿拉伯的盖瓦尔油田是世界上最大的油田。在波斯湾内有世界最大的海底油田塞法尼耶等。海湾地区石油储量为910亿吨，占世界探明总储量的64.5%；出口量占世界石油贸易的40%以上。天然气储量为48万亿立方米，占世界总储量的33.4%。

海湾是世界石油贸易的重要通道。沿岸港口有阿巴丹、布什尔、哈尔克岛、乌姆盖斯尔、法奥、科威特、达曼、拉斯坦努拉、麦纳麦、多哈、阿布扎比、迪拜等。霍尔木兹海峡是海湾东出阿曼湾通印度洋的咽喉要道。属亚热带沙漠气候，终年盛行西北风。夏季炎热少雨，秋季多暴和龙卷风。5～8月多沙尘暴。平均气温：7月32～33℃，1月14～20℃。年降水量：伊朗一侧275毫米，阿拉伯半岛一侧不足125毫米。表层水温：东南部24～32℃，西北部16～32℃。盐度：一般37～41，西南近岸海域高达60～70。海流为逆时针方向环流，流速：湾口每小时6～7千米，湾底每小时1.8千米。潮流流向大体与海湾轴线平行，潮差1.2～3.4米。

波斯湾历来是兵家必争之地。7 ～ 8 世纪为阿拉伯帝国的内海。
15 ～ 16 世纪为土耳其人控制。17 世纪上半叶，英国、荷兰之间和英国、
法国之间在此角逐。第一次世界大战后，美国石油公司侵入海湾，与英
国争夺石油。第二次世界大战期间，海湾成为同盟国向苏联提供军用
物资的补给线。1987 年美国与伊朗在海湾接连发生军事冲突。1990 年
8 月 2 日伊拉克出兵占领科威特，7 日美国出兵海湾，引发海湾危机。
1991 年 1 月 17 日爆发海湾战争。海湾战争后，美国与伊拉克的军事对
抗局面依然存在。1995 年 7 月美军创建第五舰队，以波斯湾及其附近
海域为作战辖区。2003 年 3 月 20 日美英联军发动伊拉克战争。沿岸建有：
伊朗的布什尔海军、空军基地，阿巴斯港、哈尔克岛、霍梅尼港海军基
地；伊拉克的巴士拉海军、空军基地，乌姆盖斯尔海军基地；阿拉伯联
合酋长国的阿布扎比、迪拜、沙迦海军、空军基地，阿治曼、哈伊马角
海军基地；沙特阿拉伯的达曼、拉斯坦努拉、朱拜勒海军基地，宰赫兰
空军基地；阿曼的盖奈姆岛海军基地；科威特的古莱阿角海军基地；巴
林的苏勒曼港海军基地；卡塔尔的多哈海军、空军基地。

大澳大利亚湾

大澳大利亚湾是澳大利亚沿海最宽阔的海湾，位于澳大利亚大陆南
岸的印度洋。根据国际水文局鉴定，其范围西起西澳大利亚州的韦斯特
角，东至塔斯马尼亚州的西南角。但通常认为的范围是：西起西澳大利
亚州的帕斯利角，东至南澳大利亚州艾尔半岛的卡诺特角。东西两点间
直线宽度约 1200 千米，两点间连线往北至海岸距离约 400 千米。海岸

线平直，沿岸有连绵不断的直立石灰岩悬崖，只有东岸斯特里基湾区能安全停泊船舶。处于冬季西风带的控制之下，素以风大浪高闻名。湾内有勒谢什群岛、东部群岛、皮尔森群岛和"调查者号"群岛。沿岸有塞杜纳、尤克拉等小城镇。

帝汶海

帝汶海是印度洋的分支海域，位于亚洲帝汶岛东南、澳大利亚西北。西连印度洋，东接阿拉弗拉海。南北宽约 480 千米，面积约 61.5 万平方千米。北深南浅，最深处在东北部的帝汶海沟中，超过 3300 米；南部是萨呼尔大陆架，深度不到 200 米的海域约占帝汶海面积的 2/3。属于热带季风气候，气温、降水随盛行风的改变而有变化，年平均降水量 2000～2500 毫米。海上虽有东南和西北季风呈季节性地交替吹拂，但全年主要出现的是流向西南的帝汶海流，流速每小时 0.8～1.6 千米。帝汶海是重要的油田区。

红　海

红海是地质年代最年轻的内陆海，位于亚洲阿拉伯半岛和非洲大陆之间，为印度洋西北狭长的海域。南以曼德海峡与阿拉伯海的亚丁湾相接，北经苏伊士湾和苏伊士运河与大西洋的地中海相连。长 2253 千米，最大宽度为 306 千米，总面积为 45 万平方千米，平均水深 558 米，最大水深 2922 米。1869 年开辟了苏伊士运河后，红海成为直接沟通印度洋和大西洋的重要国际航道。红海海水呈蓝绿色，当红海束毛藻大量繁盛时，海水便转变为红褐色，故称"红海"。

◆ 地质地形

红海岸滨陆架水深多浅于 50 米，多礁石。红海沿岸广泛发育着珊瑚礁。曼德海峡，宽仅 26～32 千米，水深约 150 米。海峡中散布着浅滩、暗礁和小岛。海峡下部还有一道海槛。这些都限制了红海与亚丁湾的水交换。红海的中轴线为中央海槽，大部深于 1500 米。海槽中部出现几处深邃的"V"形裂谷，为红海最深的地方。

非洲板块与阿拉伯板块之间的裂谷沿海槽轴通过。两个板块约在 2000 万年前开始分离，近 300 万～400 万年来，两岸仍以每年 2.2 厘米的平均速度分开。如将两侧大陆的轮廓线并在一起，恰能密切啮合。因此，红海是未发育成熟的大洋。海底沉积物，主要由珊瑚礁和其他钙质生物碎屑组成，有少量由风带来的陆源物质。

自 20 世纪 60 年代初以来，在裂谷底层水中，发现了若干水温和盐度特别高的地点，其近底层水温达 34～56℃，盐度达 74～310，比其他深层海水盐度高 2～9 倍。这是由于裂谷扩展时，涌上来的熔岩加热了沿裂隙下渗的海水，而富含溶解盐类和矿物质的热水重新上升所致。

◆ 气候

红海属于热的热带沙漠气候，兼有季风气候特征。冬半年，北部盛行西北风，南部盛行东南风；夏半年，全海区多东北风，风速为 3.4～10.7 米 / 秒。月平均气温 2 月最低（北部 15.5℃），8 月最高（南部 32.5℃）。降水多集中于冬季，平均年降水量北部 28 毫米，南部约 127 毫米。年平均蒸发量 2100 毫米。由于无径流入海，通过苏伊士运河与地中海的水交换也极微。因蒸发损失的水量能由印度洋流入的水量补充,而不致干涸。

◆ **水文特征**

红海为世界上盐度最高、水温很高的海域之一,其平均值分别为40.35 和 22.67℃,月平均水温以 2 月最低(18℃),8 月最高(35.5℃)。年平均盐度北高(＞41.0)南低(36.5)。主要水团有:红海表层水,位于 50～100 米以浅的水层,温度、盐度的时空变化较显著;变性亚丁湾水,分布于中部以南的次表层,由曼德海峡流入的亚丁湾水变性而成;红海深层水,只限于 200～2000 米的深层,温度、盐度分布较均匀,季节变化和年变化也很小。

海流受控于海面的蒸发过程。冬、春季,源于亚丁湾进入红海的补偿流,在盛行东南风的影响下比较发达;夏季,风向相反,该海流只能在曼德海峡的中层流入。而在红海表层则出现一支由红海流向亚丁湾的风海流。在曼德海峡底层还经常有一支从红海流出的底层密度流。这支高温、高盐水体越过曼德海峡后向南扩展,成为印度洋次表层高盐水的主要源头。另外,在红海中还有相当显著的横向海流。

潮汐属半日潮性质,南北两端潮汐位相几乎相反,当南端为高(低)潮时,北端为低(高)潮;潮差不大,南北两端大潮潮差分别为 1.0 米和 0.6 米。潮波由印度洋经曼德海峡传入,是比较典型的谐振潮特征。

◆ **生物和矿产**

海洋生物具有印度洋-太平洋热带生物的区系特征。植物种类较少,动物种类颇多,鱼类有 400 余种,海豚、儒艮、鲨鱼和大型龟鳖等均属

级生产力较低，叶绿素含量为 19 毫克 / 米 ^{3}，约与大西洋的马

海相当。矿物资源有石油和蒸发盐矿床，以及在裂谷洼地底层软泥

中新发现的重金属矿。这里是经地中海沟通大西洋和印度洋，联结亚、

非、欧三大洲的海上通道。沿岸有埃及、苏丹、厄立特里亚、吉布提、

也门、沙特阿拉伯、约旦、巴勒斯坦和以色列 9 个国家。主要海港有苏

伊士、古赛尔、塞利夫、吉赞等。

卡奔塔利亚湾

卡奔塔利亚湾是澳大利亚北部阿拉弗拉海的长方形浅水海

湾，伸入大陆北部阿纳姆地与约克角半岛之间。地理坐标为南纬

10°～17°，属于热带海湾。1628 年，一位名叫 P. 卡奔塔的荷兰船长

曾到达该海湾，故以其姓氏命名。东西最大宽度 670 千米，南北长约

600 千米，面积 31 万平方千米，最深处为 70 米。海湾底部是澳大利亚

和新几内亚的大陆架。有一条横跨托雷斯海峡的海岭将海湾与珊瑚海

分隔开来，另一条从韦塞尔群岛向北绵延的海岭又将海湾与阿拉弗拉

海的海盆相分隔。湾内的岛屿主要有南部的韦尔斯利群岛、西南部的

爱德华·佩柳爵士群岛和西部的格鲁特岛。海湾底部坡度很小，汇入

的 20 多条河流下游大都蜿蜒曲折，多三角洲。海湾沿岸地区分布有大

量的红树林。20 世纪后期，沿海水域对虾捕捞业得到发展。海湾周边

约克角半岛、戈夫半岛及阿纳姆地等地区有大型的铝土矿，以及格鲁

特岛上丰富的锰矿也已经被大规模开采。由于有上述各项经济开发，

海岸和各岛屿上的居民有所增加，此地与澳大利亚其他地区及世界各

地的交通和信息联系均有所改进。

孟加拉湾

孟加拉湾是印度洋东北部海湾，位于印度半岛和中南半岛、安达曼群岛、尼科巴群岛之间。南以斯里兰卡南端的栋德勒角至印度尼西亚苏门答腊岛西北端的乌累卢埃角一线（相距约 1690 千米），以及斯里兰卡和印度半岛间的亚当桥一线，与印度洋分开；东以安达曼群岛—尼科巴群岛—缅甸的内格罗斯角一线，与安达曼海为界。因北岸的孟加拉地区而得名。沿岸现有斯里兰卡、印度、孟加拉国和缅甸 4 国。孟加拉湾虽名曰"湾"，但仅为惯称，实际为印度洋一边缘海。

孟加拉湾面积约 217.2 万平方千米，总容积 561.6 万立方千米，深度自北而南逐渐加大，平均深度 2586 米，最大深度 5258 米；大陆架以北、东两部较宽，靠近恒河三角洲、安达曼群岛和尼科巴群岛附近宽度可达 161 千米，外缘向海一侧的平均深度为 183 米。海底组成物质自海岸向海湾由细沙逐渐向淤泥转化。多处被海底峡谷切割，其中的恒河海底峡谷位于恒河 - 布拉马普特拉河三角洲外侧，实系恒河三角洲的水下延续部分。恒河向海底延伸的河床深切陆架和陆坡达 732 米。深海扇从恒河 - 布拉马普特拉河三角洲基部开始，以倒"U"形向南远伸，直迄斯里兰卡以南 5000 米深的锡兰深海平原，总长达 2000 余千米，面积 200 万平方千米。深海扇上分布着许多树枝状谷地。东经 90°的南北向海岭位于中部偏东，顶部离水面约 2134 米。气温年较差小，1月平均气温 26℃，7月 28℃左右。表层水温一般为 25～27℃，盐度

30～40。年降水量自东而西从 3000 毫米递降至 1000 毫米左右。海流流向受季风的强烈影响，春、夏季在湿润的西南季风推动下，呈顺时针方向环流；秋、冬季受东北季风作用，转变为逆时针方向的环流。平均盐度 30～34。

地形效应导致各种作用的聚合，孟加拉湾的潮差、静振和内波等现象均显著。纳入的河流除恒河外，尚有默哈讷迪河、戈瓦里河和克里希纳河等。沿岸地区富有多种喜温生物，如恒河河口的红树林、斯里兰卡沿海浅滩的珍珠贝等。古为联系东西方海上丝绸之路的必经海域，现为太平洋和印度洋间的重要通道。沿岸重要港口有加尔各答、金奈（旧名马德拉斯）和吉大港等。

苏伊士湾

苏伊士湾是红海西北部的海湾，位于亚洲的西奈半岛和非洲大陆之间，两岸都为埃及领土。因最北端的港口城市苏伊士而得名。基本作西北—东南方向延伸，长 325 千米，宽 15～46 千米；大部分深 30～70 米，东南入口附近最深，达 1058 米。属半日潮，平均高 1.2 米。水温 8 月为 26～29℃，2 月为 18～24℃。盐度 41.5，为世界盐度最高的海域。气候干燥，雨量稀少，夏季大气折射强烈，常有海市蜃楼出现。湾底多淤泥、砂土和珊瑚岩，沿岸分布着珊瑚礁、浅滩和小岛，南端湾口岛屿尤多，最大者名萨德万岛。自古即为海上交通通道，苏伊士运河开通（1869）后，实际具有海湾-海峡双重性质，一跃成为联系地中海和红海的天然孔道乃至北大西洋同印度洋、太平洋间国际远洋航线的重要

环节，交通运输上的重要
性急剧增加。第二次世界
大战结束后，由于大量油
船通过，航运日益频繁、
稠密，遂规定船舶在湾内
分上下航道运行。沿岸主
要港口有苏伊士及其外港

集装箱船"中海环球"轮首航抵达苏伊士湾

陶菲克、阿布宰尼迈、阿代比耶等，另有许多设备完善的停泊处。岸上
大部分地区为低平荒漠。岸边矗立的许多油井架和油罐，可对航行兼起
到对照物和指示标记的作用。

亚丁湾

　　亚丁湾是印度洋的边缘海域，由亚洲的阿拉伯半岛和非洲的"非
洲之角"地区夹峙而成。因北岸的港口亚丁而得名。西以曼德海峡与
红海相通，东以非洲的阿赛尔角（旧名瓜达富伊角）的经线即东经
51°16′为界，与阿拉伯海相连（计算阿拉伯海的面积时，一般把亚丁
湾包括在内），是地中海与印度洋之间的交通要道。东西长 1472 千米，
南北平均宽 480 千米，面积 53 万平方千米。其形成和地质演变，与东
非大裂谷和红海密切相关。岸线比较平直，除最西端有向非洲大陆呈喇
叭状楔入的塔朱拉湾外，其余岸段缺少湾澳，岛屿也特别稀少。海底有
印度洋海脊的余脉横贯，同时有许多大致呈东北—西南走向的断层，其
中的阿卢拉－费尔泰海沟深 5360 米，是整个海湾的最深处。底部时而

有浅源地震活动，以及高温水流和熔岩喷涌。沉积层随距岸远近而不同，海脊上没有沉积层或极薄，越靠近大陆架就越厚，最厚可达 1.6 千米。

亚丁湾因地处低纬度，蒸发旺盛；又因季风的变换，以及与红海、阿拉伯海的大量对流，海水结构和运动过程都很复杂：11 月至次年 3 月东北季风盛行，表面水温 25～28℃；5～9 月西南季风劲吹，水温上升为 25～31℃。在 90～600 米深处，有一股含盐度稍低的水流从阿拉伯海经曼德海峡流向红海；而在 760 米以下，一股高盐度的水流以相反方向从红海经此进入阿拉伯海。表层水含盐度高，东部 900～1800 米以下直到海底和西部低洼处，各有一低温与低盐的水层。

亚丁湾中生物种类繁多，浮游生物丰富。近海盛产沙丁鱼和鲣鱼，远海鱼类有金枪鱼、梭鱼和鲨鱼。沿岸有许多分散的渔村，居民一般仅限于在近海捕鱼。自古为海上交通要冲，在近现代，交通运输意义更为重要。主要港口有亚丁、穆卡拉、吉布提和柏培拉等。

第 4 章

北冰洋

北冰洋是以北极为中心，广布有常年不化的冰盖的大洋。因主要位于北极地区，面积较小，又称北极海。

北冰洋位于地球最北端，为亚洲、欧洲和北美洲所环抱。在亚洲与北美洲之间有白令海峡通太平洋，在欧洲与北美洲之间以冰岛－法罗岛海丘和威维尔－汤姆森海岭与大西洋分界，有丹麦海峡及史密斯海峡与大西洋相连。

1650 年，德国地理学家 B. 瓦伦纽斯首先把它划成独立的海洋，称大北洋；1845 年伦敦地理学会将其命名为北冰洋。由于气候严寒，冰层覆盖，调查困难，直到 20 世纪 30 年代以后才陆续在冰上建立科学考察站，开展一些较系统的调查。由于北冰洋对全球气候有重要影响，各种考察和调查接踵而来，中国也先后派出调查队和"雪龙"号科考船进行水文气象研究。

在世界大洋中北冰洋是最小的大洋，也是最浅的大洋。面积约为 1475 万平方千米，约占世界海洋面积的 4.1%，不及太平洋面积的 1/12。平均水深 1225 米，最大水深 5527 米（在格陵兰海东北）。

北冰洋海岸线曲折，岛屿众多。有宽阔的大陆架和许多浅而大的边缘海：在欧亚大陆沿岸的有挪威海、巴伦支海、喀拉海、拉普捷夫海、东西伯利亚海和楚科奇海等；北美洲沿岸的有波弗特海，格陵兰岛之东的格陵兰海。北冰洋岛屿众多，分布在大陆架处，其数量仅次于太平洋。流入北冰洋的主要河流有鄂毕河、叶尼塞河、勒拿河和马更些河等。

◆ 地质地形

北冰洋略呈椭圆形，沿其短轴方向，有一系列长条形的海岭和海盆。主要海岭有 3 条：罗蒙诺索夫海岭、阿尔法海岭和北冰洋中脊。罗蒙诺索夫海岭大致从新西伯利亚群岛穿过北极附近，延伸至格陵兰岛北岸，岭脊距海面 1000 ～ 2000 米。它可能是从亚欧大陆边缘分裂出来的无震海岭。阿尔法海岭（即门捷列夫海岭）从亚洲一侧的弗兰格尔岛起延伸至格陵兰岛一侧的埃尔斯米尔岛附近，与罗蒙诺索夫海岭汇合。北冰洋中脊（又称南森海岭）位于罗蒙诺索夫海岭另一侧，它起自勒拿河口到格陵兰岛北侧，与穿过冰岛而来的北大西洋海岭连接。长约 2000 千米，宽约 200 千米。中脊上有裂谷发育，有平行于轴向延伸的磁异常条带，还有垂直于轴向的横向断裂带。

3 条海岭把北冰洋北欧海域划分为挪威海盆和格陵兰海盆：靠亚欧大陆一侧的为欧亚海盆，一般深 4000 米，最大深度位于斯瓦尔巴群岛以北，也是北冰洋最大水深处；靠北美洲一侧的为加拿大海盆。位于罗蒙诺索夫和阿尔法两海岭之间的是马卡罗夫海盆。此外，北冰洋大陆边缘还被许多海底峡谷所分割，其中最大的是斯瓦太亚·安娜峡谷，位于喀拉海北部，长度超过 500 千米。

北冰洋海底大陆架非常广阔，面积约为 440 万平方千米，占整个北冰洋面积的 1/3（其他三大洋大陆架面积，都不到该大洋的 1/10）。深海区在整个大洋中所占的比例，远小于其他三大洋。在亚欧大陆以北，大陆架从海岸一直延伸 1000 千米左右，最宽处可达 1200～1300 千米；在阿拉斯加以北，大陆架比较狭窄，只有 20～30 千米。

中央深海区海底沉积物主要是棕色和深棕色泥，在罗蒙诺索夫海岭发现砂质泥。大陆架覆盖着陆源沉积物：粗砂、细砂和砂质淤泥。沉积速度在北冰洋中央区为 1.3～2.0 厘米/千年，陆架区约 4.5 厘米/千年。

北冰洋四周为被动大陆边缘，缺乏强烈的地震和火山活动。宽阔的大陆架属于周缘大陆的自然延伸，具大陆地壳结构。深海盆地则主要由大洋地壳组成。地震活动频繁的北冰洋中脊纵贯欧亚海盆中部，欧亚海盆是古新世晚期以来沿北冰洋中脊海底扩张的产物。磁测资料表明，马卡罗夫海盆可能是白垩纪晚期至新生代初期扩张形成的；加拿大海盆的年龄更老，可能是中生代晚期海底扩张的产物。阿尔法海岭具有大陆地壳结构，即类似于罗蒙诺索夫海岭，而不同于北冰洋中脊。

◆ 气候

北冰洋因地处高纬区，全年得到的太阳辐射较少，夏季冰雪融化又要消耗大量热量，所以平均气温要比地球上其他区域（南极除外）低得多。冬季，极区附近极夜期长达 179 天，最冷月份（1～3 月）平均气温约为 -40℃，近海区为 -30℃，最低温度为 -53℃。夏季，极昼期长达 186 天，最暖月份（7～8 月）平均气温在极地附近为 0℃，沿岸地区可达 5～9℃，有时甚至在极地区域亦可增至 2℃。云雾天多是北冰洋夏季最典型的天气。疾风（15 米/秒以上）很少，月平均风速为 4～6 米/秒。边缘地区常发生暴风雪，尤其在冷暖气团交汇处。北极上空常年被反气旋控制，冬天在西伯利亚上空发展成为强大的反气旋活动中心，在西伯利亚和极地反气旋之间，形成了由西向东延伸的低压槽，不断把从大西洋来的暖湿空气带到北冰洋腹地；同时由于大西洋暖流的延伸，北极寒冷气候有所缓和。因此，北半球的绝对冷源不在极地，而在亚洲大陆的维尔霍扬斯克。整个洋区降水形式终年为雪，降水量比蒸发量要高 10 倍。年降水量 75 ～ 200 毫米，格陵兰海可达 500 毫米。

◆ 水文特征

北冰洋大部分水域的表层覆盖着冰雪，是水文上突出的特点。

环流

在北冰洋表层环流中起主要作用的是大西洋海流的支流西斯匹次卑尔根海流。这支海流从格陵兰岛和斯瓦尔巴群岛之间的东部，进入北冰洋。它是高盐暖水，在斯瓦尔巴群岛以北下沉，形成了位于 200 ～ 600 米深度上的暖水层，并沿北冰洋陆架边缘做逆时针方向运动，它的某些支流则进入附近的边缘海；从楚科奇海穿过中央洋区到弗拉马海峡有一支越极海流流过格陵兰海，并入东格陵兰海流，夹有大量浮冰流入大西洋。北冰洋是北半球海洋中寒流的主要发源地，其冷水主要通过拉布拉多海流和格陵兰海流注入大西洋。此外，在加拿大海盆表层还有一反气旋型环流，流速只有 2 厘米 / 秒，仅在阿拉斯加北部流速增至 5 ～ 10 厘米 / 秒。

北冰洋和外界的水交换，主要通过格陵兰岛和斯瓦尔巴群岛之间的通道进行。大西洋海水从该通道东部的深层流入北冰洋，占全洋区

流入总量的 78%。通过白令海峡进入北冰洋的水量，约占流入总量的
20%。北冰洋水从格陵兰岛和斯瓦尔巴群岛之间的通道在表层流出，约
占总流出水量的 83%（包括 2% 的流冰量）。而通过加拿大北极群岛间
海峡流出的水量，约占总流出水量的 17%。因此，进入北冰洋的更新水
约为流入总量的 2%。故对极地海域的水文状况影响不大。

水团

北冰洋水团有北冰洋表层水，大西洋中层水，太平洋中层水和北冰
洋底层水。北冰洋表层水位于水深 200 米以内的上层，从夏到冬，盐度
由 28.0 增加到 32.0，水温则从 -1.4℃ 降到 -1.7℃。夏季融冰时节，除
局部地区无冰外，低盐暖水往往在多年冰盖下形成不到 1 米厚的淡水层，
水温则接近冰点；冬季此淡水层又重新结冰。在 30 ～ 50 米水层内，温
度、盐度在垂直方向上相对均匀。50 米层以深，盐度随深度急剧增加。
在欧亚海盆 100 米深层和美亚海盆 150 米深层，水温开始升高。100 米
处温度低于 -1.5℃，而后逐渐增加，到 200 米处可达 0℃。大西洋中层
水，位于 200 ～ 900 米水深处，是进入北冰洋相对高温、高盐的大西洋
水逐渐冷却后形成的。盐度变化在 34.5 ～ 35.0，最低温度为 0.5 ～ 0.6℃。
太平洋中层水，位于美亚扇形区，是太平洋入侵的暖而淡的水与当地冷
而咸的水在楚科奇海互相混合后形成的，并楔入加拿大水域；盐度为
31.5 ～ 33.0，温度为 -0.5 ～ 0.7℃。北冰洋底层水位于大西洋中层水之
下直到洋底，具有几乎不变的盐度（34.93 ～ 34.99）和温度。

潮汐

北冰洋潮汐主要是由大西洋潮波的传入引起的。沿海岸一带为不正

规的半日潮，大部分潮高不到 1 米。在约坎加湾，可以看到 6.1 米的高潮。

海冰

北冰洋大部分海域为平均厚约 3 米的冰层所覆盖。根据洋底沉积物的分析，这里的海冰已持续存在了 300 万年。大部分海区，尤其是高于北纬 75°的海区，存在着永久性的冰盖。冰的总面积，冬季为1000 万～ 1100 万平方千米，夏季为 750 万～ 800 万平方千米。北纬60°～ 75°的海区，海冰的出现是季节性的，常有一年周期。边缘海区冰盖南界不固定，随着水文气象条件的变化，往往会变动几百千米。一年冰的厚度，春季达 2.5 ～ 3 米；多年冰的厚度达 3 ～ 4 米。在风和流的作用下，大群冰块叠积，形成流冰群。它们沿高压脊运动，在局部地区堆积很高，并向纵深下沉几十米，从而形成巨大的浮冰山。露出水面的高度为 10 ～ 12 米，有时高达 15 米，水下部分厚达 40 米，水平方向的面积可达 600 ～ 700 平方千米。从岛屿脱落下来的冰山能漂移到很远距离，其中一些冰山可进入大西洋，个别冰山可漂移到北纬 40°附近。

◆ 生物和矿产

由于高寒，以及常年冰盖和流冰的限制，北冰洋动植物群的种类比地球上其他海区要少得多。浮游植物的年生产力比其他海区要少 10%。植物界包括大片聚集在浮冰上的小型植物，生长在表层水（深 40 ～ 50 米）中的浮游植物（微藻类），生长在海滨浅海区海底的底栖植物巨藻类和海草等。暖水性的浮游动物少，但同属的动物往往比其他地区长得肥大。最重要的鱼类有北极鲑鱼（红点鲑或白点鲑）和鳕鱼等。巴伦支海和挪威海是世界上最大的渔场之一。捕获量较大的有鳕鱼、黑线鳕、鲽鱼和毛鳞鱼。生物资源中，海洋哺乳动物最珍贵，如海豹、海象、鲸、海豚、北极熊和北极狐等。

北冰洋的矿产资源以石油、天然气最为重要，主要分布在阿拉斯加北岸的波弗特海大陆架、加拿大北极群岛及其邻近海域。此外，北冰洋海底还富有锰结核、锡和硬石膏矿等。

◆ **交通运输**

北冰洋有联系欧、亚、北美三大洲的最短大弧航线，但地理位置偏僻，气候严寒，沿岸地区人烟稀少，航运困难。航运较发达的是北欧海域的挪威海及巴伦支海。从 20 世纪 30 年代开辟的西起俄罗斯的摩尔曼斯克到符拉迪沃斯托克（海参崴）的航海线，全长 1 万多千米，具有重要意义。固定的航空线有从摩尔曼斯克直达挪威斯瓦尔巴群岛、冰岛雷克雅未克和英国伦敦的航线。

阿蒙森湾

阿蒙森湾是北冰洋中波弗特海向东南延伸的部分海域，位于加拿大西北地区的马更些区和富兰克林区之间，将加拿大大陆与北部的班克斯岛分隔开。1850 年，英国探险家 R. 麦克卢尔率领一个试图首次穿行西北航道的考察队进入阿蒙森湾，但由于威尔斯海峡封冻而不得不利用另一条航道。1903 ～ 1906 年，挪威探险家 R. 阿蒙森乘单桅帆船第一次通过西北航道，因此将这一海湾命名为"阿蒙森湾"。

阿蒙森湾长 400 千米，宽 150 千米，平均深度为 2356 米，海水最深处可达 5449 米，面积约 70028 平方千米，海水温度约 14.6℃。属于极地冰原气候，具有严峻的大陆气候特征。年平均温度为 -12.6℃。夏季最高温为 26.7℃，冬季最低温为 -51℃。春季多云，夏日晴朗，秋天冷而多雾，冬季严寒。12 月后有强风和雪暴。10 月开始结冰，4 月开始解冻，年降水量 300～500 毫米，1/3 降于夏季，无霜期只有 60 天。盐度随深度递增，底层水盐分较高。海潮的搅动使上层海水增加营养盐，并使下层海水增加溶解于水中的氧。在盐分溶解和暖流增温的海水环境下，孕育了丰富的海洋生物资源。海藻的繁殖为细小的无脊椎动物（如磷虾）提供了食料，无脊椎动物又是较大生物的食品。海湾内鱼类有北极比目鱼、鲽、北极鳕、鲑等，海兽有海豹、海象、海豚、逆戟鲸、北极熊等；大约有 200 种鸟类栖息在海岸和小岛上，有海鸥、海鸭、天鹅、雪枭和海鹰等。此外还有一些食草动物，如驯鹿、麝牛，以及啮齿动物等。19 世纪初，这里曾是重要的捕鲸和捕海豹的地区。湾内有大批白鲸，以湾里不计其数的小鱼和甲壳类动物为生。岸边植物有 400 余种，如桦、柳、桤，以及低等喜盐植物和草丛、青苔、地衣等。南部地区居民为印第安人，北部为因纽特人。因全年大部分时间封冻，近代商业性渔业尚未发展。当地因纽特人采用传统工具，主要以渔猎为生。人口密度很低。加拿大政府把整个阿蒙森湾划为封闭海区，以保护其生态环境。

巴芬湾

　　巴芬湾是北冰洋属海，位于格陵兰岛（丹麦）与加拿大埃尔斯米尔岛、德文岛、巴芬岛之间，呈西北—东南走向。东南经戴维斯海峡与大西洋相通，北经史密斯海峡、罗伯逊海峡与北冰洋相连，西经琼斯海峡和兰开斯特海峡入加拿大北极群岛水域。1585 年，英国航海家 J. 戴维斯首先进入海湾探险。1616 年，英国航海家 W. 巴芬为寻找通往东方的西北航路进入海湾，故名。海湾长 1126 千米，宽 112～644 千米，面积 68.9 万平方千米。北部水深 240 米，南部水深 700 米，中央巴芬凹地最深 2400 米。北极圈通过海湾南部，北端已达北纬 80°，气候严寒。表层水温冬季 -2℃，夏季 5～6℃。盐度 30～32，深处为 34.5。全年仅 8～9 月可完全通航。西格陵兰暖流沿其东缘从大西洋流入，受此影响，海湾北部不封冻，形成"北方水道"；挟带冰块的北冰洋冷水由北而入，沿西缘南流，进入大西洋成为拉布拉多寒流。北纬 72° 以北湾内形成逆时针环流。海洋生物丰富，有鳕、鲭、大比目鱼等鱼类和海豹、黑鲸、海象、海豚等哺乳动物，沿岸地区栖息有很多鸟类。当地因纽特人以渔猎为生。

巴伦支海

巴伦支海是北冰洋边缘海，位于欧洲大陆以北，东至新地岛，西迄熊岛一线，北界斯瓦尔巴群岛和法兰士约瑟夫地群岛。其南部深入大陆（俄罗斯）的海湾称白海。以荷兰航海家威廉·巴伦支的姓氏命名，1594～1596 年他曾 3 次航行到此。巴伦支海面积 140.5 万平方千米。大陆架宽广，约占海域总面积的一半以上，主要分布在南部靠欧洲大陆一侧。北部有中央和梅修斯海底高地，中西部横亘着几条深切的海槽。平均水深 229 米，最大深度出现在西南部，达 600 米。海水总体积 32.2 万立方千米。巴伦支海处北纬 67°～80°，北部全年气温在 0℃以下，冬季达 -25℃，海水结冰期很长，夏季还漂浮着冰山，海水含盐

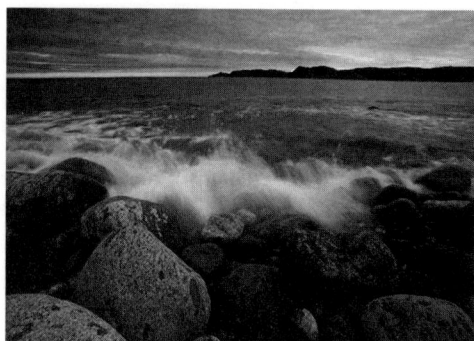

巴伦支海景色

度 32；南部因北大西洋暖流分支北角暖流注入，冬夏平均气温 -4 ～ 10℃，表层海水温度 3 ～ 9℃，全年不冻，含盐度 35。白海纬度虽低于巴伦支海，但因处于陆地包围，暖流不能到达，冬季结冰。

大陆架蕴藏石油和天然气。渔产丰富，以鳕、鲱、鲽、鲑、鲇等鱼类著名。主要海洋哺乳动物有海豹、鲸、北极熊、北极狐等。沿大陆俄罗斯的摩尔曼斯克和挪威的瓦尔德等均为不冻港。

白 海

白海是北冰洋深入俄罗斯西北部内陆的内海，位于科拉半岛与卡宁半岛之间，北经戈尔洛和沃隆卡海峡同巴伦支海相通。面积约 9 万平方千米。平均深 67 米，最深处在坎达拉克沙湾东北部，约 350 米。西北岸为岩岸，东岸为沙岸。主要海湾有梅津湾、德维纳湾、奥涅加湾和坎达拉克沙湾。较大的岛屿有索洛韦茨基群岛、莫尔若韦茨岛、穆季尤加岛。有北德维纳河、奥涅加河、梅津河等注入。夏季海水温度 6 ～ 15℃，冬季低于 1℃。海水盐度 24 ～ 34.5。结冰期 6 ～ 7 个月（11 月至次年 5 月初）。半日型潮，梅津湾潮差可达 10 米。捕捞鲱、鳕、鲑及格陵兰海豹。白海地区的经济价值在于它邻近的土地肥沃、森林茂密并且河网稠密，可将较边远地区与大海相连。经白海—波罗的海运河、伏尔加

河—波罗的海运河、伏尔加河、伏尔加河—顿河运河及顿河，可沟通白
海同波罗的海、伏尔加河水系、里海、亚速海及黑海的运输联系，是连
接经济活跃的俄罗斯西北部地区与俄罗斯远东港口及国外的重要通道。
主要港口有阿尔汉格尔斯克、北德文斯克、奥涅加、别洛莫尔斯克及坎
达拉克沙。借助于破冰船，全年可通航。

波弗特海

波弗特海是北冰洋边缘海，位于加拿大北极群岛中的班克斯岛以西，
美国阿拉斯加州和加拿大育空地区、马更些三角洲以北。面积 47.6 万
平方千米。平均水深 1004 米，最大水深 4682 米。岛屿稀少，有"无岛
海"之称。沿岸大陆架宽 100 ～ 150 千米，为北冰洋边缘海域大陆架最
狭窄的地段。大陆坡上有 3 条海底峡谷穿过。波弗特海地处北纬 70°
以北，气候严寒，海域几乎终年封冻。仅 8 ～ 9 月沿岸出现狭窄的无冰
海面，可以通航。马更些湾和阿蒙森湾因有来自较低纬度的马更些河等
大河注入，无冰海面可宽达 100 多千米。表层水温 -1.8 ～ -1.4℃，盐
度 28 ～ 32；浅层水较暖，来自太平洋，由白令海峡流入。表层水和浅
层水均厚约 100 米。深层水水温 0 ～ 1℃，盐度 34.9 ～ 35.5，厚约 700
米；900 米以下为底层水，水温 -0.8 ～ -0.4℃，盐度 34.9。表层水和浅
层水的流向与北冰洋总的环流一致，由东向西，呈顺时针方向。1789 年，
英国探险家 A. 马更些沿马更些河到达河口，为第一个发现波弗特海的
欧洲人。1806 年，英国海军水文地理学家 F. 波弗特在此估测船只在海
上航行时所遇到的不同风速，设计了著名的蒲福风级。20 世纪 60 年代

在近海大陆架发现了丰富的石油、天然气资源，集中分布在阿拉斯加北岸普拉德霍湾和马更些三角洲附近海底。沿岸居民以渔猎为生。

伯朝拉海

伯朝拉海是北冰洋巴伦支海东南部、俄罗斯北部的海域。海域西面和北面分别以科尔古耶夫岛和新地岛南端为界，东面以瓦伊加奇岛和尤戈尔斯基半岛为界。面积81263平方千米，海水量4380立方千米，平均水深6米，最深处可达210米，长400千米，宽270千米，最大的岛屿为多尔吉岛。属于寒带冰原气候，夏季水温9℃，10月到次年6月水温低于0℃。南部因伯朝拉河注入，形成往东流的科尔古耶夫海流。结冰期为每年10月到次年6月，每年11月到次年6月有浮冰。海域内有鳕鱼、白鲸及海豹等生物资源，矿产资源包括大型煤田、油田和气田。主要港口为白绍拉河口的纳里扬马尔港（俄罗斯），是重要的木材输出港。

从历史上看，在相邻的巴伦支海被命名之前，伯朝拉海的名字就已经确定。当时，伯朝拉海被用来作为探索东部未知海冰的起点，有记载的最早穿越这一海域的是早期俄罗斯探险家诺夫哥罗德·尤勒布，他于1032年进入喀拉海。俄罗斯白海沿岸的波莫尔人从11世纪开始探索这片海域和新地岛海岸。

布西亚湾

布西亚湾是巴芬岛和布西亚半岛之间的北冰洋海域，由加拿大努纳武特地区负责管辖。南面是梅尔维尔半岛和加拿大大陆，北面是摄政王湾和兰开斯特海峡。北端布西亚角达北纬71°59′，是北美洲大陆最北点。东边是巴芬岛的西北海岸，西边是布西亚半岛。地形为冻原高原，面积约32330平方千米，宽195千米，向北伸入北冰洋的索美塞得岛正南方，延伸273千米，深度一般在275米左右，向南变浅。属于温带海洋性气候，沿岸有苔藓类植被覆盖。海洋生物资源十分丰富，海鸥、驯鹿、加拿大鹅等动物在此栖息，极地鳕鱼、鲸等也在此繁衍。这里还拥有世界上最高密度的北极熊，分布密度可达每1000平方千米10.4只。布西亚湾半岛上人烟稀少。1829年，英国探险家J.罗斯发现这一半岛，取名为布西亚·菲利克斯，以纪念这次探险的资助人。这支探险队还首次探寻了西北海岸险象丛生的海湾。1831年，罗斯在半岛西岸确定了第一个北磁极点（后来的北磁极点迁至更北）。随后几年，其他探险家如英国探险家J.富兰克林和挪威探险家R.阿蒙森都曾探访过布西亚半岛。

楚科奇海

楚科奇海是北冰洋的边缘海，位于俄罗斯东北端弗兰格尔岛同美国阿拉斯加西北岸巴罗角之间。南经白令海峡与白令海相通，西经隆加海峡通东西伯利亚海，东连波弗特海。面积59.5万平方千米。平均深度71米，北较南深，最深处1256米。海岸线曲折，多潟湖和沙嘴。大陆架宽400～600千米。表层海水温度夏季4～12℃，冬季-1.6～1.8℃。海水盐度24～32。西部为半日型潮，东部为非正规半日型潮，潮差0.1～0.2米。全年结冰期长达8个月，通航期约4个月。沿岸居民捕猎北极鳕、海象及海豹等。主要港口有威廉港（俄罗斯）及巴罗（美国）。

东西伯利亚海

东西伯利亚海是北冰洋边缘海，位于俄罗斯东北岸、新西伯利亚群岛同弗兰格尔岛之间。向西经德米特里·拉普捷夫海峡、埃捷里坎海峡及桑尼科夫海峡连接拉普捷夫海，向东经隆加海峡同楚科奇海相通。面积91.3万平方千米。平均深45米，最深处915米。大陆架宽600～900千米。主要海湾有：恰翁湾、科雷马湾、奥穆利亚赫湾。较大的岛屿有：新西伯利亚群岛、熊岛群岛、艾翁岛。有因迪吉尔卡河、阿拉泽亚河及科雷马河注入。夏季水温河口附近4～8℃，在敞开的海面为0～1℃；冬季-1.8～-1.2℃。盐度河口附近5，西部海域20，北部海域可达30。年内大部时间覆盖浮冰，夏季只有在沿岸地带才解冻。结冰期长达8个多月，7月中旬至9月借助破冰船可通航。半日型潮（潮差0.1米）。渔业捕捞穆松白鲑、宽突鳕及红点鲑等。主要港口有佩韦克。

格陵兰海

格陵兰海是北冰洋边缘海，位于格陵兰岛与斯瓦尔巴群岛之间，以冰岛—扬马延岛—熊岛一线与其东南的挪威海分界。按北冰洋的地理分区，属北欧海域。面积120.5万平方千米。平均水深1444米，最深处5527米。海域在北极圈内，气候严寒，多雾。表层海水温度冬季多在0℃以下，夏季南部海域可到6℃。盐度30～33。来自北冰洋的东格陵兰寒流沿格陵兰岛东岸南下，挟带大量冰山和浮冰，不利航运。鱼类资源有鳕鱼、鲱鱼、鲑鱼、大比目鱼等。哺乳动物有海豹、鲸、海豚等。

哈得孙湾

哈德孙湾是北冰洋主要边缘海，是伸入加拿大东北部内陆的大海湾。东北经哈得孙海峡与大西洋相通；北经福克斯海峡与福克斯湾相连，湾口的南安普顿等岛构成其北界；再经布西亚湾和加拿大北极群岛诸海峡与北冰洋沟通；向东南伸为詹姆斯湾。1610 年，英国航海家 H. 哈得孙最先穿过哈得孙海峡进入海湾。哈德孙湾略呈椭圆形，面积 81.9 万平方千米。湾底浅平，平均水深 100 米，最大水深 274 米，詹姆斯湾深不足 60 米。因地处高纬，深居内陆，故气候严寒，水温很低。除 8 月、9 月表水温度可升至 3～9℃外，全年大部分时间海面封冻；深水温度终年在 -1.1℃以下。湾内经常有风暴和浓雾，一年中雾日达 300 天左右。1 月平均气温为 -29℃，7 月平均气温 8.3℃，年平均温度为 -12.6℃。极端温度范围从冬季的 -51℃到夏季的 27℃。春季多云，夏日晴朗，秋天冷而多雾，冬季严寒。初冬非常寒冷、晴朗、平静，12 月后有强风和雪暴。10 月开始结冰，4 月开始解冻，年降水量为 300～500 毫米，主要集中在夏季，约占年降水量的 1/3，无霜期只有 60 天。海水盐度随深度而递增，水深 1.8 米以上表水层的盐度仅为 2，24 米以下可达 31。

加拿大中部和东北部地区河流多汇注于此，如纳尔逊河、丘吉尔河、奥尔巴尼河等。海流挟带冰块由福克斯湾流入，形成逆时针环流，从哈得孙海峡流出，汇入拉布拉多寒流。这一区域人口密度很低，主要居住群体为因纽特人和克里族印第安人。因纽特人居住在东、西岸，印第安人居住在南岸，以狩猎（海豹、海象、虎鲸、北极熊）和捕鱼（鳕鱼、鲑鱼、大比目鱼）为生。沿岸地区多小型毛皮贸易站。加拿大政府为保护生态环境，已经把整个哈得孙湾划为"封闭海区"。西岸的丘吉尔港为主要港口，有铁路通加拿大南部。

喀拉海

喀拉海是北冰洋边缘海，位于俄罗斯新地岛、瓦伊加奇岛、法兰士约瑟夫地群岛同北地群岛间。西经喀拉海峡和马托奇金海峡同巴伦支海相连，东经维利基茨基海峡和北地群岛间诸海峡与拉普捷夫海相连。面积88.3万平方千米。平均深度约120米，最深处约600米。主要岛屿：北部有诺登舍尔德群岛，中部有北极研究所群岛、中央执行委员会公报群岛、谢尔盖·基洛夫群岛和维泽岛等。有鄂毕河、叶尼塞河等河流注入，并在河口形成海湾。大部海峡全年温度接近0℃，仅河口附近夏季水温可达6℃。气候严寒。冬有极夜，多风、雪暴。夏季有极昼，多雾。年内大部时间覆盖浮冰和岸冰。海水盐度差别较大，从河口附近的10～12到33。半日型潮。可捕猎鳕、白鲑、鲽、北欧海豹、白鲸及北极熊等。主要港口有迪克森。海轮经叶尼塞河可上溯至杜金卡及伊加尔卡。

拉普捷夫海

拉普捷夫海是北冰洋边缘海，位于俄罗斯泰梅尔半岛、北地群岛与新西伯利亚群岛之间。西经维利基茨基海峡和北地群岛间诸海峡与喀拉海相连，东经德米特里·拉普捷夫海峡、埃捷里坎海峡和圣尼科夫海峡同东西伯利亚海相通。原称西伯利亚海，为纪念首次勘测沿岸的 K. 拉普捷夫与 D. 拉普捷夫兄弟，1935 年命名为拉普捷夫海。面积约 71.4 万平方千米，平均深度 533 米，最深 3385 米。北深南浅，大陆架占海域面积的 3/4。主要海湾有哈坦加湾、奥列尼奥克湾及布奥尔哈亚湾。有勒拿河、哈坦加河、亚纳河注入。海水盐度从南部的 20 到北部的 34。半日型潮，潮差 0.5 米。冬季常见暴风雪，夏季有雪雹和雾。全年结冰期长达 9 个月。7 月上旬至 10 月下旬借助破冰船可通航。海中哺乳动物有北欧海豹、海象及北极熊。夏季沿岸有大量海鸟。主要港口有季克西，主要运输木材、建材、毛皮等。

挪威海

挪威海是北冰洋边缘海。东北面以挪威北角、熊岛一线与巴伦支海相邻；西北面以扬马延岛、冰岛一线与格陵兰海相接；南面，一条连接冰岛、法罗群岛、设得兰群岛和挪威西南塔德角的海岭把挪威海与大西洋、北海分开；东界为斯堪的纳维亚半岛。面积 138.3 万平方千米。平均水深 1742 米，最深 3970 米，海水体积 240.8 万立方千米。北大西洋暖流自南向北流经海区，表层海水温度显著高于同纬度其他海区，2 月 2 ~ 7℃，8 月 8 ~ 12℃。海水含盐度 34 ~ 35.2。挪威海是世界著名渔场之一，盛产鳕、鲱、白鲑等。沿岸主要港口有挪威的特隆赫姆、纳尔维克等。

本书编著者名单

编著者 （按姓氏笔画排列）

王　鹏	毛汉英	甘子钧	丛淑媛
乐肯堂	冯春萍	朱华良	刘　伉
刘天宝	汤小棣	许启望	严正元
苏世荣	苏志清	杜碧兰	李　超
李　博	李　颖	李淑方	杨　西
吴　浙	吴关琦	应定华	沈允武
宋　涛	宋　韬	张永昶	陈上及
陈史坚	陈南岳	罗　浩	季任钧
袁树人	袁晓勐	徐世澄	徐成龙
徐淑梅	彭　飞	蒋长瑜	韩忠南
焦震衡	满颖之		